# 地震信号衰减
# 与速度估计方法及应用

赵　静　高静怀　任金昌　王大兴　著

中国石化出版社

**图书在版编目(CIP)数据**

地震信号衰减与速度估计方法及应用/赵静等著
. —北京：中国石化出版社，2019.9
ISBN 978-7-5114-5503-1

Ⅰ.①地… Ⅱ.①赵… Ⅲ.①油气勘探-地震信号-
衰减-研究 Ⅳ.①P618.130.8

中国版本图书馆 CIP 数据核字（2019）第 183193 号

**中国石化出版社出版发行**

地址:北京市东城区安定门外大街 58 号
邮编:100011　电话:(010)57512500
发行部电话:(010)57512575
http://www. sinopec-press. com
E-mail:press@ sinopec. com
北京科信印刷有限公司印刷
全国各地新华书店经销
*
850×1168 毫米 32 开本 5.5 印张 164 千字
2019 年 9 月第 1 版　2019 年 9 月第 1 次印刷
定价:38.00 元

# 前　言

油气资源勘探关系到我国能源安全及经济发展。目前，油气勘探领域正面临新的挑战，呈现由陆地向深水、由常规油气藏向非常规油气藏、由浅中层向深层发展的趋势，这对地球物理勘探技术提出了更高的要求。速度与反映介质黏弹性的品质因子 $Q$ 值，可以作为流体检测及岩性识别的辅助工具。$Q$ 值可用于岩性及含流体介质的属性分析，高分辨率的速度是进行偏移成像、刻画地下介质结构的基础之一。然而，$Q$ 值与温度、压力、应力、岩性、频率、饱和度、黏度等众多因素有关，因而估计 $Q$ 值非常困难。影响速度的因素有很多，如岩石成分、结构、孔隙度、密度、含流体性等，准确估计速度模型同样存在困难。$Q$ 值和速度在地震勘探中具有重要地位，从资料处理到解释都需利用这两个参数，因此研究高精度的 $Q$ 值和速度估计技术对复杂构造的精细刻画、隐蔽油气藏的识别、岩性及物性的分析等具有重要意义。

全书共分 7 章，由赵静撰写。其中，第 4 章基于零偏 VSP 资料的 $Q$ 值和速度波形反演方法第 4.3.3 节由赵静和王大兴共同撰写；第 5 章逐次差分进化算法及其在高维不可分参数空间中的应用第 5.3.3 节和第 5.3.4 节由赵静和高静怀共同撰写；第6章基于射线理论的衰减层析成像方法研究及其在叠前反射地震资料中的应用第6.2.3节由赵静和任金昌共同撰写。全书由赵静统稿。

本书获西安石油大学优秀学术著作出版基金资助，编写素材主要来源于国家自然科学基金青年项目（41604113）、国家自然科学基金国际合作与交流项目（41711530128）、国家自然科学基金重点项目（40730424）、国家自然科学基金重大项目（41390454）、国家科技重大项目（2011ZX05023-005）和国家科技重大专项（2011ZX05023-005-009，2011ZX05044）等。

由于笔者水平有限，书中不足之处在所难免，敬请读者批评指正，以便再版时补充完善。

# 目　　录

# 主要符号及缩写词对照表

| | |
|---|---|
| $\rho$ | 物质的密度($kg/m^3$) |
| $c_p$ 或 $c(\omega)$ | 相速度($km/s$) |
| $\omega$ 或 $f$ | 角频率($rad/s$)或频率($Hz$) |
| $\alpha$ 或 $\alpha(\omega)$ | 衰减系数($1/m$) |
| $Q$ 或 $Q(\omega)$ | 品质因子 |
| $\tau$ | 旅行时间($s$) |
| $Re$ | 取实部运算 |
| $Im$ | 取虚部运算 |
| $A$ | 振幅 |
| $z$ 或 $\Delta z$ | 距离($m$) |
| $G$ 或 $G(\Delta z)$ | 与频率和衰减无关的因子(包括几何扩散等) |
| $\sigma$ | 常相位子波的调制角频率($rad/s$) |
| $\delta$ | 常相位子波的能量衰减因子 |
| $\eta$ | 常相位子波调制频率和能量衰减因子的比值 |
| VSP | 垂直地震剖面(Vertical Seismic Profile) |
| CMP | 共中心点道集(Common Middle Point) |
| CSG | 共炮点道集(Common Shot Gather) |
| CRG | 共接收点道集(Common Receiver Gather) |
| CDR | 控制方向接收(Controlled Directional Reception) |

LSR　　　　　　对数谱比法(Logarithmic Spectral Ratio)

CFS　　　　　　质心频率偏移法(Centoid Frequency Shifting)

PFS　　　　　　峰值频率移动法(Peak Frequency Shifting)

SC　　　　　　 谱相关系数法(Spectral Correlation-coefficient)

WEPIF　　　　　子波包络峰值瞬时频率法
　　　　　　　　(Wavelet Envelope Peak Instantaneous Frequency)

EPIF　　　　　　包络峰值瞬时频率

EPIFVO　　　　　包络峰值瞬时频率随偏移距的变化
　　　　　　　　(EPIF Versus Offset)

AVO　　　　　　 幅度对偏移距(Amplitude Versus Offset)

NMO　　　　　　 垂直时差校正(Normal Moveout)

# 第1章 概 述

## 1.1 研究背景及意义

  全球油气工业的预测寿命为300年，目前已走过了150年的历史。在今后相当长一段时间内，人类消耗的能量主要还是依赖于化石能源，如石油、天然气、煤等，其中消耗的石油和天然气约为总消耗能源的60%左右。因此，油气资源勘探关系到我国能量安全及经济发展。目前，油气勘探领域面临新的挑战，呈现出由陆地向深水、由常规油气藏向非常规油气藏、由浅中层向深层发展的趋势，这对地球物理勘探技术提出了更高的要求。

  正问题和反问题是地球物理勘探中的两类问题。正问题是已知地下介质的结构和物理参数，求地震波穿过地下介质后的接收记录；反问题是根据接收到的地震记录，求取震源及地下介质的空间展布及物理参数。介质的地球物理参数可以帮助研究人员准确定位目标层位置、分析介质岩性及物性等。地球物理参数有很多，如伽马照射量、磁性参数、电性参数等。为了求取地球物理参数以研究地下介质特征，可将地球的重力场、地磁场、地电场及人工激发的地震波场等多种物理场相结合进行研究。人工激发地震波技术，即地震勘探技术，是目前地球物理勘探中探测石油、天然气等的主要手段。地震勘探技术用检波器接收地震波，接收到的地震数据记录了地下介质的物理属性信息，从地震记录中提取有用的属性信息是学者们研究的焦点。可以反映地下介质的属性信息有密度、电性、磁性、黏弹性、弹性、放射性、速度等，其中速度与反映介质黏弹性的品质因子 $Q$ 值，可以作为流体检测及岩性识别的辅助工具。$Q$ 值是比速度更加敏感的参数，

1

提取 $Q$ 值并用于反 $Q$ 滤波是提高地震资料分辨率的一个重要手段，而获得高分辨率的地震资料可用于介质储集特征及几何结构的精细刻画，这是地球物理学家们追求的目标。另外，$Q$ 值可用于岩性及含流体介质的属性分析，对 AVO 分析也有影响，估计 $Q$ 值并进行补偿可减小 AVO(振幅随偏移距变化)分析中的振幅畸变；同时，QVO/QVA($Q$ 值随偏移距/角度变化)的研究表明，$Q$ 值随偏移距或角度的变化可在一定条件下区分散射与衰减。然而，$Q$ 值与温度、压力、应力、岩性、频率、饱和度、黏度等众多因素有关，估计 $Q$ 值非常困难，对于厚层的平均吸收可以估计得较准确，但是由于薄层中波形相互叠加干扰导致同相轴调谐，对于较薄地层的 $Q$ 值则很难精确估计，因此研究高精度的 $Q$ 值估计技术具有重要意义。同时，高分辨率的速度是进行偏移成像、刻画地下介质结构的基础之一。影响速度的因素有很多，如岩石成分、结构、孔隙度、密度、含流体性等，近年来发展的亮点技术，就是利用岩层中含有不同饱和度的油、气、水时具有不同速度来探测油气的。由于影响速度的因素较多，准确估计速度模型同样存在困难。

总之，$Q$ 值和速度是地震勘探中最重要的参数之一，从资料处理到解释都需利用这两个参数，因此研究高精度的 $Q$ 值和速度估计技术对复杂构造的精细刻画、隐蔽油气藏的识别、岩性及物性的分析等具有重要意义。

## 1.2 衰减及速度估计方法的研究现状

在本书第二章中将进行详细介绍，衰减的参数表示方法有很多，其中介质品质因子 $Q$ 值是较常用的一种参数表示方法。$Q$ 值与速度的估计方法有很多，其中 $Q$ 值估计方法大致可以分为时间域方法、频率域方法、时频域方法及反演类方法等，速度估计方法大致可以分为旅行时反演、偏移速度分析、波形反演等，还有 $Q$ 值与速度的联合反演类方法，不仅能提高反演精度，且更加有利于地震解释。下面对直接估计方法和联合反演类方法进行简要介绍。

### 1.2.1　直接 $Q$ 值估计方法研究现状

Tonn(1991)在其综述文章中比较了多种 $Q$ 值估计方法，包括时间域的振幅衰减法、解析信号法、子波模拟法、相位模拟法、频率模拟法、上升时间法、脉冲振幅衰减法等，以及频率域的匹配法、谱模拟法、谱比法等。Tonn 指出，没有一种方法能适用于所有的情况，根据噪声水平和接收记录的类型，不同的方法适用于不同的情况，例如当 VSP 资料的震源可控且资料保幅时，解析信号法估计的结果优于其他方法的估计结果，而当资料不保幅时，谱模拟法更适用；在不含噪的情况下，谱比法可以得到可信的结果，但在含噪情况下该方法不再适用。谱比法是最早提出的方法之一，该方法原理简单，操作方便，在信噪比较高的情况下可以取得较好的结果，得到了广泛的应用。Singleton 等(2006)使用 Gabor-Morlet 谱比法估计 $Q$ 值并进行 $Q$ 补偿。Parra 等(2006)基于谱比法从直达 P 波中估计了固有衰减，估计的 $Q$ 曲线结合其他测井曲线，可以区分异常是与岩性有关还是与含油气饱和度有关。上升时间法和脉冲振幅衰减法依赖于采样率和数据的质量，估计结果通常误差较大，而匹配技术法与对数谱比法一样，适用于信噪比较高的资料。

除了 Tonn 列出的方法外，时间域方法还有脉冲宽度展宽法等，频率域有质心频率偏移法(CFS)、峰值频率移动法(PFS)、子波包络峰值瞬时频率法(WEPIF)等，以及时频域方法，如小波域峰值尺度法、小波域能量衰减法、Lipschitz 指数法、时频谱谱比法等。脉冲宽度展宽法由 Kjartansson(1979)提出，该方法利用脉冲宽度、$Q$ 值、走时之间的经验公式估计 $Q$ 值，在一定程度上减少了噪声干扰；质心频率偏移法与峰值频率移动法分别用质心频率及峰值频率与走时之间的解析关系估计 $Q$ 值。质心频率的定义是用振幅谱加权的平均频率，质心频率偏移法适用于频带较宽的地震记录,而峰值频率定义为频谱的最大值。子波包络峰值瞬时频率法利用子波瞬时振幅的包络峰值处对应的瞬时频率与 $Q$ 值的关系估计 $Q$ 值,该方法适用于叠后地面反射资料和零偏 VSP 资料,操作方便,抗噪性强,纵向分辨率高。此外,朱定等(2006)利用主频向低频移动的偏移量与 $Q$ 值之间的比例关系估计衰减,该方法适用于 VSP 资料,计算速度快。在频率域中估计 $Q$ 值是通过提取不同的频率信息如主频、峰值频率、中心频率、瞬时频率、包络峰值瞬时频率等,并寻找这些特定的部分频率信息与 $Q$ 值之间的关系来求取 $Q$ 值的,不同的频率信息具有不同的稳定性、抗噪性及提取方便性。时频域方法中,李宏兵等用小波变换域的尺度因子(即能量衰减因子)来刻画衰减,从峰值尺度的变化量中直接估计衰减,Innanen(2003)利用局部信号正则化和 Lipschitz 指数估计衰减,给出了 $Q$ 值估计的经验公式。

$Q$ 值估计方法可应用于各种地震资料。不同的地震资料具有不同的分辨率、探测空间、噪声水平及获取资料的难易程度等,因此基于不同地震资料的油气勘探具有不同的应用前景。常用的地震资料有 VSP 资料、地面反射资料、井间地震资料等。Dasgupta 等(1998)基于传统的谱比法提出了一种基于共中心点道集(CMP)的 QVO 方法,该方法求取的 $Q$ 值精度高,油气预测准确,改进了基于叠后地震资料求取 $Q$ 值精度较低的不足。王小杰等(2009)提出了利用时频谱分解技术估计叠前地面反射资料地层吸收参数的方法,该方法假设震源子波为零相位子波,需加时窗截取地震记录。Zhang 和 Ulrych(2002)提出了在 CMP 道集上用峰值频率移动法估计 $Q$ 值的方法,该方法将叠前 $Q$ 值提取问题转换为类似叠后 $Q$ 值提取问题,解决了旅行时难提取的问题。Hackert 从反射地震资料中估计 $Q$ 值,消除了局部薄层对 QVO 方法的影响,并使用井旁道数据的反射系数序列对观测信号的频谱进行校正,使得估计的 $Q$ 值波动小,且无物理意义的

负 $Q$ 值较少。Chichinina 和 Ekanem 等用 $Q$ 值随偏移距及角度的变化(QVOA)研究断层储层的 $Q$ 值各向异性,推导了横向各向异性中 P 波衰减的解析表达式,并提出两个新属性——QVO 斜率和 QVO 截距,其中 QVO 斜率可指示断层方向和各向异性。Reine 提出基于叠前反射地震数据的 $Q$ 值反演方法,该方法的优点是可以减少谱干扰,消除角度依赖性,与 QVO 方法相比,该方法人工干预少,对带宽更鲁棒。

目前, $Q$ 值直接估计方法主要以时间域和频率域为主,主要利用的是接收记录的振幅、波形、特定频率信息等,主要应用于 VSP 资料和叠后地面反射资料,在叠前地面反射资料中的应用也取得了一定成果。时间域方法的不足是,地震波的振幅、波形等容易受到噪声干扰、几何扩散、同相轴调谐等因素的影响,导致估计精度降低。频率域方法中,有的方法需要加窗截取地震记录,在有波形干扰的情况下,很难选择合适的窗函数及窗长来截取信号,且加窗截取子波后其频谱不一定满足原有的衰减关系。

### 1.2.2 $Q$ 值与速度反演方法研究现状

反演类方法有波形反演法和层析成像方法等。波形反演方法有很多,如局部优化类方法、全局优化类方法等,可应用于时间域及频率域中速度估计、 $Q$ 值估计,速度与 $Q$ 值的联合反演以及其他参数(如密度、波阻抗等)的反演等。层析成像方法最早应用于医学成像,引入到地球物理领域后可用于衰减层析成像、速度层析成像、衰减与速度联合层析成像以及其他参数的层析成像等。

用波形反演局部优化算法进行速度和其他参数估计的研究取得了很多进展,形成了成熟的理论体系。Tarantola(1984,2005)基于最小二乘法提出非线性全波形数值反演方法,通过迭代梯度方向寻找最优速度模型。Toksöz 和 Johnston(1981)用最小二乘局部优化算法估计了多种弹性模量参数来刻画弹性介质,并反演了密度及黏弹参数来刻画地下介质的黏弹性。Pratt(1998)提出频率域反演方法，推导了梯度法、牛顿法及高斯牛顿法等非线性迭代反演方法的矩阵形式，将非线性问题线性化，解决了从地面反射资料中提取光滑背景速度这一非线性难题。Pratt 指出，不同于高斯牛顿法，梯度法需要多次迭代才能收敛，这是因为步长因子较难确定的原因。Shin（2001）指出通过缩放海森矩阵或伪海森矩阵在对角线上的值可以改善梯度法的收敛性。Sambridge 等（1991）用线性搜索技术解决了多参数反演问题。Vigh 等（2009）指出要得到地下目标区和储层的精确描述，正演方法需从射线追踪过渡到有限差分波动方程成像，同时指出，数据频谱的低频成分将使得反演更精确。Rickett 提出用谱比法反演多道记录的 $Q$ 值的方法。用波形反演方法对 $Q$ 值和速度进行联合成像方面的研究也取得了一定进展。Stewart 提出在频率域使用相邻四道的上行波和下行波反演速度和 $Q$ 值的全波形反演方法。Amundsen 和 Mittet 提出在频率域基于直达下行波和一次反射波反演相速度和 $Q$ 值的方法，该方法考虑了频率随反射系数及透射系数的变化。然而，该方法需要介质的界面位置信息和密度信息。高静怀和汪超等（2009）提出了自适应波形反演方法，并应用于零偏VSP 资料进行 $Q$ 值和速度联合反演。Virieux 和 Operto（2009）对近 30 年来提出的全波形反演方法做了综述，认为全波形反演是得到偏移成像背景模型的有力工具，是宏观模型和偏移成像统一的工具，未来全波形反演技术的发展依赖于更快的正演方法、模型及数据空间的最小化准则以及更多波场参数（如衰减、弹性、各向异性等）的建模和联合反演。

局部优化算法自提出已有近 30 年历史，建立了完善的理论体系，在实际应用中取得了一定效果，然而它有一些无法克服的缺陷，如过度依赖于初始模型、易陷入局部极小值、矩阵求逆困难等。不同于局部优化类方法，全局优化类方法避免了使用目标函数的曲率信息，不需要求解矩阵的逆，估计精度不依赖于初值，且能寻找到全局最优解。全局优化算法的缺点是计算量大，不适合高维参数的反演，然而近年来随着计算能力的提高，其在地球物理波形反演中正逐步得到广泛应用，在高维优化问题中也取得了一定成果。全局优化算法有模拟退火法、模拟进化算法、蒙特卡洛法等，其中模拟进化算法又分为蚁群算法、粒子群优化算法、人口迁移算法、差分进化算法、遗传算法等。模拟退火法和模拟进化法均模拟自然界的优化系统，模拟退火法类比自然界的热力学规律，进化算法模拟自然界生物进化规律。Rothman (1985, 1986) 将模拟退火法引入地震勘探领域，该方法是一种非均匀蒙特卡洛方法，Jakobsen 等 (1988)、Jervis 等 (1993)、Varela 等 (1998)、Landa 等 (1989)、Mosegaard 和 Vestergaard 等、Sen 和 Stoffa 等 (1991) 基于地震体波匹配原理用模拟退火法反演了地下介质模型并进行偏移成像。Store 和 Price (1996) 首先提出差分进化算法并用于连续空间全局优化。高静怀和汪超等 (2010, 2012) 提出协同选择差分进化算法和协同变异差分进化算法用于零偏 VSP 数据的高维参数反演，提高了抗噪性和收敛速度。目前，差分进化算法 (DE) 的改进包括改进操作算子，如提出广义的变异策略、选择策略中引入竞争机制、引入选择压力控制参数、自适应步长局部搜索、三角法变异策略等，DE 算法的改进还包括加入新的操作，如引入加速和迁移操作、引入协同进化机制等，并且向多种群、多种算法组合操作等方向发展。刘波 (2007) 在其综述文章中对差分进化算法进行了详细分析。遗传算法于 20 世纪 90 年代被引进到地球物理领域并得到广泛应用，Gallagher 等 (1991~1997)、Wilson 和 Vasudevan (1991)、Smith 等 (1991~1993)、Sen 和 Stoffa (1992)、Sambridge 和 Drijkoningen (1992) 等将遗传算法用于地震波形反演。Sambridge (1992) 用遗传算法估计了多维二次最优问题，结果显示随着未知量个数的增多，其收敛性提高，将该方法应用于海洋地震数据的非线性反演问题，取得了较好的结果。蒙特卡洛方法由 Metropolis 和 Ulam (1949) 首次提出，Thomson (1957) 首先将其应用于电话系统中，之后 Ulam、Von Neumann、Fermi 和 Metropolis（1953）等发展了现代蒙特卡洛方法并应用于物理、生物等领域。Press（1968，1970）、Wiggins（1969，1972）等首次将蒙特卡洛方法应用于地球物理领域，求取了地下介质的纵波速度、横波速度及密度等参数。Sambridge（2002）对近年来提出的蒙特卡洛方法及其他几种模拟进化算法进行了综述。

层析成像反演方法将地下介质划分为网格，通过使观测数据与正演数据之间的误差最小来估计地下介质的参数。走时层析成像方法主要用来反演速度，在走时成像的基础上进行衰减层析成像，可克服单一物性反演的局限，充分利用参数信息来描述地层结构和储层分布。衰减估计常利用地震波的振幅、波形及频率信息，从地震记录的直达初至波、续至波或全波形中估计参数。Peter（1989）用偏移成像方法反演近偏移距处高波数记录的速度，同时用层析成像方法反演低波数低频记录的速度，二者相结合使得估计精度提高。McMechan 和 Brzostowski（1992）、Leggett（1993）、Watan（1996）等利用地震波振幅的变化估计衰减。Gladwin（1974）基于地震波上升时间法进行衰减层析成像。渡边俊树等（1994）利用初至波的振幅信息进行衰减成像以检测断层及裂缝信息。Ward 和 Tokson（1979）用短周期振幅谱比法进行了不同地区的衰减成像研究。Quan 和 Harris（1997）基于质心频率偏移法进行衰减层析成像并应用于井间地震资料。Sears 等（1981）利用续至波及全波形信息得到衰减成像剖面。Plessix（2006）等基于质心频率偏移法从井间透射波记录中通过衰减与走时层析成像来联合反演速度与 $Q$ 值。Pratt 等（2005）基于黏弹介质波动方程利用波形层析成像方法估计层状介质中的衰减异常。Hicks 和 Pratt（2001）、Watanabe 等（2004）以及 Gao（2006，2007）等也采用波形层析成像方法反演衰减。Liao 等（1997）基于井间地震资料进行衰减与速度联合层析成像。目前，衰减及走时层析成像大都基于井间地震资料，由于井间地震造井价格昂贵，已有不少学者开始研究基于地面反射资料的层析成像方法。Sword(1987)基于地面反射资料提出 CDR(调节方向接收)速度层析成像法，Maud 和 Lan 等(2011)基于叠前地面反射资料研究了衰减后的走时层析成像并进行 $Q$ 值补偿。国内学者也开展了层析成像方法的研究，严又生(2001)基于井间地震资料的初至数据进行衰减与速度联合层析成像，周建宇(2002)基于井间地震资料研究了最小走时射线追踪算法用于层析成像，赵连峰(2002)提出了逐次线性 $Q$ 值成像算法，井西利(2007)、黄剑航(2008)等在 CDR 方法的基础上，引入同相轴梯度进行了速度和衰减联合反演。层析成像方法基于射线理论展开正演与反演的研究，而射线方程是波动方程的高频近似解，因此射线方程在复杂介质中不能反映实际地震波的反射及透射情况，使得层析成像方法在高频信号中的应用受到限制。

目前，$Q$ 值估计的发展趋势是由叠后地震资料到叠前地震资料、由单一波场到全波形、由 2D 到 3D、由单一物理场到多物理场等。本书针对目前 $Q$ 值和速度估计方法的不足展开研究，创新性地改进了直接估计类方法及反演类方法，且将提出的新方法用于叠前地震资料和零偏 VSP 资料中。

综上，笔者将本书的创新性研究工作分为以下四个方面：

(1)针对利用叠前地面反射资料估计介质品质因子时层间走时难拾取的问题，提出利用包络峰值瞬时频率随偏移距的变化(EPIFVO)估计 $Q$ 值的方法，且提出利用地震道间有效信号的相干性估计层位信息的方法。在 EPIFVO 方法的基础上，研究了包络峰值瞬时频率匹配技术(EPIFM)。

EPIFVO 方法采用具有 4 个参数的常相位子波去逼近震源子波，利用黏弹介质中单程波传播理论推导了地震子波包络峰值处的瞬时频率(EPIF)与不同偏移距处拾取的子波走时的关系。理论推导论证了二者之间为线性关系，基于该线性关系用线性回归方法外推出同相轴零偏移距处的 EPIF，用小波包络峰值处瞬时频率法(WEPIF)并结合层位信息求取零偏移距处的 $Q$ 值。合成模型算例表明，EPIFVO 法无边界效应，计算精度相对较高，可通过斜率判断频率变化是否由衰减引起；将该方法用于实际资料算例，结果表明，衰减强弱与储层的吸收有较好的对应关系。

EPIFM 方法以拾取的 EPIF 与计算的 EPIF 之间的误差能量构造目标函数，用最速下降法求取 $Q$ 值，讨论了子波参数对估计精度的影响。该方法基于稳定点估计，计算结果稳定、误差较小，合成资料算例表明，当震源子波估计准确时，EPIFM 方法具有较高的估计精度。

（2）针对利用零偏 VSP 资料的直达初至波估计介质参数时，在界面处易受到上行波干扰的问题，提出基于零偏 VSP 资料的直达下行波和一次反射上行波的波形反演方法，用于地下介质的 $Q$ 值和速度估计。

该方法在高斯-牛顿方法的基础上，推导了雅克比矩阵的解析表达式以加快计算速度。正演模拟是反演问题的重要步骤，我们推导了基于传输矩阵的正演方法以求取零偏 VSP 资料的直达下行波和一次反射上行波记录，在正演过程中同时求取 Fréchet 导数的值，给出了正演和反演的流程，并讨论了初值的选取方法。合成模型和实际资料算例表明，该方法无须先验层位信息，运算速度快，相比较只利用直达下行波求取参数的方法，改进的方法可以有效压制界面上反射波的干扰。

（3）针对协同差分进化算法只适用于可分模型空间的不足，提出一种逐次差分进化算法(DE-S)用于黏弹介质中高维不可分问题的求解，且将成果应用于零偏 VSP 资料中 $Q$ 值和速度的估计。

该方法按照相邻两个检波器的距离将地下介质划分为不同地层，每一层定义为一个子成分，给出由上而下和由下而上两种流程，使用差分进化算法逐层优化 $Q$ 值和速度。由于参数是逐层进行优化的，当前地层中的参数已经是变异后的最优值，因此取消了交叉策略并提出加权变异策略以改进反演精度，同时提出两种可行有效的迭代终止条件以提高计算速度。改进的全局优化方法适用于不可分模型空间，并且不依赖于初值，与现有差分进化算法相比，该方法计算速度和收敛速度快。合成数据和实际资料算例表明该方法估计的衰减和速度精度高，可作为储层识别的辅助判断依据。

（4）提出逐次线性化衰减层析成像方法，从叠前地面反射数据中估计品质因子 $Q$ 值，并提出一种自适应角度步长射线追踪方法用于正演，同时提出倾斜叠加峰值振幅处边缘检测方法用于同相轴及走时的自动拾取。

求解反问题首先要解决正问题。首先提出一种快速有效的自适应角度步长射线追踪方法，克服了现有方法中计算精度和计算效率低的缺点，基于该射线追踪算法可得到正演合成数据。提出逐次线性化衰减层析成像方法反演 $Q$ 值，该方法利用子波包络峰值处瞬时频率法和高斯加权插值法将非线性问题线性化，并用代数重构法（ART）、联合迭代重构法（SIRT）和最小二乘分解法（LSQR）迭代求取该大型稀疏线性方程组的解。还提出一种倾斜叠加峰值振幅边缘检测法用于拾取走时和局部连续同相轴。水平层状和倾斜层状合成数据算例表明该衰减层析成像方法具有高精度和高效率。将同相轴拾取方法用于实际资料，结果表明该同相轴自动拾取方法操作简便且拾取准确。

# 第2章 地震衰减、$Q$ 值及地震
资料理论基础

## 2.1 引言

地下介质是黏弹性介质，地震波在地下介质中传播时，介质的黏弹性使得地震子波的波形展宽，主频降低，能量逐渐减弱并转化为热能。地震波能量的损耗由多种因素引起，具有不同饱和度、渗透率、孔隙度的介质对地震波能量的损耗程度不同。本书主要研究地震衰减及速度的估计方法，本章简要介绍一些基本概念，为后续章节做准备。首先介绍地震衰减的基本概念、物理机理及数学模型，然后介绍子波包络峰值瞬时频率法（WEPIF）的原理，进而简要介绍其他几种频率域估计方法，最后分析几种常用的地震资料。

## 2.2 地震衰减及 $Q$ 值

### 2.2.1 地震衰减的物理机理

地震波在黏弹性介质中传播时，能量被逐渐损耗最终转化成热能的过程称为吸收。吸收包括散射和衰减，然而在实际地震勘探中，散射和衰减无法剥离，因此通常所说的吸收就是指衰减。地震波的衰减导致波形展宽、频带变窄、主频降低，随着波的传播，深层的地震资料分辨率降低。震源子波在地层中传播时，地下介质相当于一个滤波系统，而震源子波作为该系统的输入。地震信号由具有一定频段的基本信号组成，由于子波传播相同的距离时高频信号的波数多，低频信号的波数少，如图2-1所示，而波在每个周期内的衰减相同，故高频分量衰减得快、低频分量衰减得慢，导致该系统的输出信号中高频分量减少，子波的波形展宽，主频向低频方向移动。

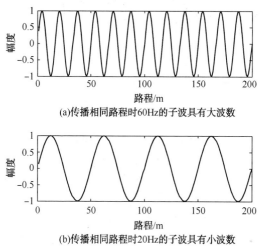
(a)传播相同路程时60Hz的子波具有大波数

(b)传播相同路程时20Hz的子波具有小波数

图2-1　不用频率下波传播相同路程时波数变化示意图

　　实验表明，黏弹介质中必然发生衰减，图2-2为波在黏弹介质中传播时频谱的变化，假设震源子波为零相位子波，其振幅谱关于中点对称，当子波无衰减时，传播一段距离后的子波频谱依然是对称的，如图2-2(a)所示，而当子波发生衰减时，衰减后的频谱形状不再对称，且幅度降低，如图2-2(b)所示。地下介质的吸收效应导数地震资料的分辨率降低，然而高分辨率的地震资料可以提供地下介质的更多细节，因此为了提高地震资料的分辨率，要求检波器接收到的信号具有宽频带，即低频和高频成分丰富。拓宽接收频带就要有效地保护高频，而高频信号由于地层的吸收作用变得微弱。因此，进行吸收衰减补偿以提高分辨率是学者们追求的目标。

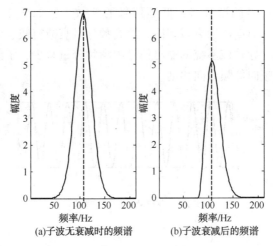

图 2-2　波在弹性和黏弹介质中传播时频谱变化示意图

引起衰减的因素很多，大体可分为两类：一类是由波的传播特性引起的，如球面扩散、散射、反射及透射等，这类因素可通过数学推导用有效衰减来表示；另一类是由地层属性引起的本征衰减，即地层固有衰减，这类因素通过研究介质及流体属性，用基于物理现象的数学抽象来表示。学者们提出多种大地对地震波的吸收衰减理论，如散射理论、Biot 喷射流理论等。目前，了解到的影响地层吸收衰减的因素主要有以下几个：

（1）衰减与温度关系密切，饱和度低时，温度增高衰减降低，饱和度高时，通过黏度与温度的相互关系影响衰减。

（2）压力也影响衰减，压力增大时，岩石骨架硬化，波速增大，导致吸收减小。

（3）喷射流模型可用于描述衰减与应变振幅之间的关系，如图 2-3（a）所示，对震源施加一个强应力，在该强振幅条件下，岩石颗粒间的摩擦是导致能量损耗的主要因素，内摩擦作用加强导致吸收增大；图 2-3（b）所示为弱振幅条件下，岩石颗粒间流体的喷剂作用是能量耗散的主要因素。

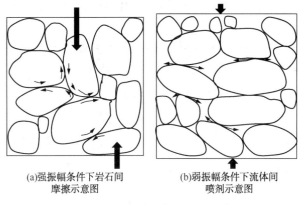

(a)强振幅条件下岩石间　　　　　　(b)弱振幅条件下流体间
　摩擦示意图　　　　　　　　　　　喷剂示意图

图2-3　地层吸收的物理机理示意图

（4）岩性不同时衰减量也不同。灰质岩、火山岩、结晶岩衰减较小，页岩、泥岩次之，砂岩较大。吸收衰减与介质中岩石的致密程度有关，越致密的岩石衰减越小；同时，同一种岩石具有不同频率时，衰减也不相同。

（5）衰减与频率的关系尚无定论。Kjartansson认为衰减与频率无关，而Jones认为衰减与频率和黏度的乘积有关。实际数据和数值模拟实验表明，对于含流体的岩石，由于孔隙中流体的存在，地震波传播时介质孔隙中流体间的黏滞性喷挤使得能量损耗，这种损耗作用在某一特定频率上会因共振而导致较大的吸收，这时衰减与一定频段的频率有关。在地震勘探的有效频率范围内，通常可以认为衰减与频率呈线性关系，即衰减与频率无关，在超出地震勘探有效频段的高频段内，衰减与频率成非线性关系，而干燥的岩石中衰减通常与频率无关。目前，大部分衰减估计方法都是基于衰减与频率无关的假设进行的。

（6）衰减与饱和度也有关系。干燥岩石的衰减最小，当饱和度较小时，少量流体黏附在孔隙壁上使得衰减增大，当流体增加时，孔隙壁无法完全黏附所有液体从而造成摩擦与喷剂，衰减随饱和度的增大而增大，当衰减达到峰值后，衰减随饱和度的增大而减小。

（7）流体的性质如黏度、孔隙度、渗透率等也对衰减有影响，实验表明，衰减与孔隙度及渗透率成正比。

### 2.2.2 地层吸收衰减的参数表示

地震波在黏弹介质中传播的振幅方程为：$A_1 = A_0 e^{-\alpha z}$，即地震波的振幅随传播距离增大而以指数形式衰减，我们定义衰减系数 $\alpha$ 为传播路径中起点与终点的振幅比：$\alpha = \dfrac{1}{\Delta z} \ln \dfrac{A_1}{A_0}$。

$\alpha$ 是以距离定义的衰减量，若以地震波的传播周期来定义，则相邻两个子波的峰值振幅比值的自然对数量称为对数缩减量 $\delta$：$\delta = \ln \dfrac{A_1}{A_2}$。

另一个常用的衰减系数 $\beta$ 定义为子波在一个波长内振幅衰减的分贝数，即：$\beta = 20 \lg \dfrac{A_1}{A_2}$。

也可用品质因子 $Q$ 值来描述岩层的吸收衰减特性。$Q$ 值是以能量来定义衰减的，即在一个子波周期内储藏的能量与损耗的能量之比：$Q = \dfrac{2\pi E}{\Delta E} = \dfrac{储能}{耗能}$，显然，能量损耗越大，品质因子越小。$Q$ 值还可用复弹性模量 $M$ 的实部 $M_R$ 和虚部 $M_I$ 的比值或用应力与应变之间相位差的正切来定义，即

$$M(\omega) = M_R(\omega) + iM_I(\omega)$$

$$\frac{1}{Q} = \frac{2c\alpha}{\omega} = \frac{M_I}{M_R}$$

$$\frac{1}{Q} = \tan\phi$$

(2-1)

式中　$\phi$——相位差。

吸收系数$\alpha$、衰减系数$\beta$、对数缩减量$\delta$及品质因子$Q$之间存在如下关系：

$$\beta = \frac{\pi}{Q} = 8.686\delta$$

$$\beta = 8.686\alpha\lambda$$

$$\frac{1}{Q} = \frac{\delta}{\pi} = \frac{\alpha\lambda}{\pi} = \frac{v\alpha}{\pi f} = \frac{\beta}{27.29} \qquad (2-2)$$

$$Q = \frac{2\pi E}{\Delta E} = \frac{2\pi A_1^2}{A_1^2 - A_2^2} = \frac{2\pi}{1 - A_2^2/A_1^2} = \frac{2\pi}{1 - \exp(-2\alpha\Delta z)}$$

式中，$Q$、$\delta$无量纲，$\beta$的单位是 dB/$\lambda$，$\alpha$的单位是 1/m。

然而实际中很难直接应用上述定义，因为必须用具有不变的振幅和周期的应力推动物质元时，才能应用上述定义。通常的观测方法是：

（1）在固定波数的驻波中观测振幅随时间的衰减：

波的振幅$A \propto \sqrt{E}$，由式（2-2）可推出：

$$\frac{1}{Q(w)} = -\frac{1}{\pi}\frac{\Delta A}{A} \qquad (2-3)$$

在连续时间$\frac{2n\pi}{\omega}$上，$A$以系数$\frac{\pi}{Q}$衰减，衰减后的值用$A(t)$表示为：

$$A(t) = A_0\left(1 - \frac{\pi}{Q}\right)^n \xrightarrow{t = \frac{2n\pi}{\omega}} A_0\left(1 - \frac{\omega t}{2nQ}\right)^n \rightarrow A_0\exp\left(-\frac{\omega t}{2nQ}\right)$$

$$(2-4)$$

式（2-3）即$Q$值的时间域定义。

（2）或在固定频率的行波中观测振幅随空间的衰减：

假设地震子波沿$x$轴传播，则子波的波峰可沿微距 d$x$ 追踪，即$\Delta A = \frac{dA}{dx}\lambda$，其中$\lambda = \frac{2\pi c}{\omega}$为波长，$c$为速度。将$\Delta A$代入

式(2-3)，可得：

$$\frac{\mathrm{d}A}{\mathrm{d}x} = -\frac{\omega}{2cQ}A \qquad (2-5)$$

设振幅以指数形式衰减，则式(2-5)的解为：

$$A(x) = A_0\exp\left(-\frac{\omega x}{2cQ}\right) \qquad (2-6)$$

式(2-6)即 $Q$ 值的空间域定义。

## 2.3  几种 $Q$ 值估计方法概述

如绪论中所述，$Q$ 值估计方法有时间域方法、频率域方法、时频域方法、反演类方法等，为了研究 $Q$ 值估计方法，本节将主要介绍本书中涉及的 WEPIF 方法的原理，同时简要介绍其他几种频率域方法，并比较 WEPIF 方法与其他频率域方法的性能。

### 2.3.1  子波包络峰值处瞬时频率法(WEPIF)

WEPIF 方法建立了包络峰值处瞬时频率与品质因子 $Q$ 之间的解析关系，该方法无需加窗截取子波，子波依赖性小，抗噪性好并且纵向分辨率高。该方法可用于叠后地面反射资料及零偏 VSP 资料中的 $Q$ 值估计。对于地面反射资料，其核心思想是：采用单道循环的方式，首先求取一道数据的瞬时振幅及瞬时频率，从瞬时振幅的包络上拾取其峰值的位置，根据峰值振幅位置将地下介质划分为不同地层，且在瞬时频率上拾取该峰值振幅位置对应的频率值，即包络峰值瞬时频率(EPIF)，推导 EPIF 与 $Q$ 值之间的关系，进而用地层顶部和底部的 EPIF 的变化量求取这一层的 $Q$ 值；对于含直达下行波的零偏 VSP 资料，求取的思路与地面反射资料类似，即利用地层顶部和底部的 EPIF 的变化量求取 $Q$ 值，不同的是将相邻两个检波器之间的距离定义为一个地层。下面我们简要介绍 EPIF 与 $Q$ 值的关系。

假设震源子波可以用具有四个参数的常相位子波近似：

$$u(0, t) = A\left(\frac{\delta^2}{\pi}\right)^{\frac{1}{4}} \exp\left[i(\sigma t + \varphi) - \frac{(\delta t)^2}{2}\right] \qquad (2-7)$$

式中，$\sigma$ 和 $\delta$ 分别为调制角频率和能量衰减因子，$\varphi$ 为相位。震源子波的频域表达式为：

$$U(0, \omega) = A\left(\frac{4\pi}{\delta^2}\right)^{1/4} \exp\left[-\frac{(\omega - \sigma)^2}{2\delta^2} + i\varphi\right] \qquad (2-8)$$

式中，$\omega$ 为角频率。震源子波传播距离 $\Delta z$ 后，其频域表达式为：

$$U(\Delta z, \omega) = G(\Delta z) U(0, \omega) \exp\left[-\frac{i\omega\Delta z}{c(\omega)} - \frac{\omega\Delta z}{c(\omega)Q}\right] \qquad (2-9)$$

式中，$G(\Delta z)$ 为与衰减无关的因子，$c(\omega)$ 为相速度。Barens 和 Sheriff 定义包络峰值瞬时频率为用傅里叶振幅谱加权的平均频率：

$$f_{\mathrm{p}}(\tau) = \frac{\displaystyle\int_0^\infty fA(\tau, f)\,\mathrm{d}f}{\displaystyle\int_0^\infty A(\tau, f)\,\mathrm{d}f} \qquad (2-10)$$

式中，$A(\tau, f)$ 为振幅谱。将式（2-8）和式（2-9）分别代入式（2-10）后求得的震源处和传播时间 $\tau$ 后子波的包络峰值处瞬时频率分别为：

$$f_{\mathrm{p}}(0) = \frac{\sigma}{2\pi} + \frac{\dfrac{\delta^2}{2\pi^2}\exp\left[-\dfrac{2\pi^2}{\delta^2}\left(\dfrac{\sigma}{2\pi}\right)^2\right]}{\displaystyle\int_0^\infty \exp\left[-\dfrac{2\pi^2}{\delta^2}\left(f - \dfrac{\sigma}{2\pi}\right)^2\right]\mathrm{d}f} \qquad (2-11)$$

$$f_{\mathrm{p}}(\tau) = \left(\frac{\sigma}{2\pi} - \frac{\tau\delta^2}{4\pi Q}\right) + \frac{\dfrac{\delta^2}{2\pi^2}\exp\left[-\dfrac{2\pi^2}{\delta^2}\left(\dfrac{\sigma}{2\pi} - \dfrac{\tau\delta^2}{4\pi Q}\right)^2\right]}{\displaystyle\int_0^\infty \exp\left[-\dfrac{2\pi^2}{\delta^2}\left(f - \dfrac{\sigma}{2\pi} + \dfrac{\tau\delta^2}{4\pi Q}\right)^2\right]\mathrm{d}f}$$

$$(2-12)$$

将式（2-12）和式（2-11）相减并经过一系列展开及舍去高阶

19

项等处理，可得：

$$Q \approx \frac{\tau \delta^2 \kappa(\eta)}{4\pi \Delta f_p} \qquad (2-13)$$

式中，$\kappa(\eta) = 1 - \sqrt{2\pi}\,\eta \Phi^{-1}(2\pi\eta)\exp(-2\pi^2\eta^2)$，$\Phi(x) = -\dfrac{1}{\sqrt{2\pi}}$

$\displaystyle\int_{-\infty}^{x}\exp(-\frac{t^2}{2})\mathrm{d}t$，$\eta = \dfrac{\sigma}{2\pi\delta}$。

包络峰值瞬时频率用子波振幅谱做权重可增加频率的稳定性，另外还有学者提出阻尼加权瞬时频率，使得瞬时频率的稳定性进一步增强。包络峰值瞬时频率加权积分即得到中心频率，因此该方法是基于稳定点估计的，所以比较准确。该方法不需要加窗截取信号，使得波与波之间的相互影响减小，估计的 $Q$ 值更准确。

### 2.3.2 几种频率域方法简介

1）谱相关法

该方法由频率域的传输函数得到。不同深度处信号的相关谱相比可以得到这两个深度之间的传输函数，其表达式为：

$$H_{12}(f) = \frac{信号\ 1\ 和信号\ 2\ 的互相关谱}{信号\ 1\ 的自相关谱} \qquad (2-14)$$

信号 2 和信号 1 的互相关谱是信号 1 和信号 2 的互相关谱的倒数，因此传输函数的比率是：$\ln\left[\dfrac{H_{21}(\omega)}{H_{12}(\omega)}\right] = (\text{const.}) - m\omega$，$\omega$ 为角频率，截距为常数，斜率 $m$ 为：

$$m = \frac{s_2 - s_1}{cQ} = \Delta t / Q \qquad (2-15)$$

式中，$s$ 为传播路程，$c$ 为相速度，可以看出斜率与 $Q$ 值成反比例，根据 $m$ 可求得 $Q$ 值。

2）对数谱比法

地震波在均匀黏弹介质中传播距离 $\Delta z$ 后，接收信号的傅里叶频谱为：

$$U(\Delta z,\ \omega) = G(\Delta z) U(0,\ \omega) \exp\left(-\frac{i\omega\Delta z}{c} - \frac{\omega\Delta z}{2cQ}\right) \qquad (2-16)$$

式中，$U(0,\ \omega)$ 为震源子波的频谱。将式(2-16)两边取对数，得：

$$\ln\left|\frac{U(\Delta z,\ \omega)}{U(0,\ \omega)}\right| = C - \frac{\pi f \tau}{Q} \qquad (2-17)$$

式中，$C$ 为常数。以频率为自变量对频谱比值进行线性拟合，求取该拟合直线的斜率 $G = \dfrac{\pi\tau}{Q}$，根据拾取的走时 $\tau$ 和斜率即可求出 $Q$ 值。

3）质心频率偏移法

用 $A(f)$ 表示任意子波的振幅谱，子波的质心频率和方差定义为：

$$f_c = \frac{\displaystyle\int_0^\infty f A(f)\,\mathrm{d}f}{\displaystyle\int_0^\infty A(f)\,\mathrm{d}f}$$

$$d^2 = \frac{\displaystyle\int_0^\infty (f-f_c)^2 A(f)\,\mathrm{d}f}{\displaystyle\int_0^\infty A(f)\,\mathrm{d}f} \qquad (2-18)$$

假设震源子波为高斯信号，则 $Q$ 值与质心频率及方差的关系为：

$$Q \approx \frac{\pi\tau d_0^2}{\Delta f_c} \qquad (2-19)$$

式中，$\Delta f_c = f_S - f_R$ 是震源信号与接收信号的质心频率之差，$\tau$ 为走时，$d_0$ 为零时刻的子波方差。

4）峰值频率移动法

假设震源子波为 Ricker 子波，传播距离 $\Delta z$ 后，接收信号的频谱为：

$$U(\Delta z, \ \omega) = G(\Delta z) U_0(\omega) \exp\left(-\frac{i\omega\Delta z}{c} - \frac{\omega\Delta z}{2cQ}\right) \quad (2\text{-}20)$$

式中，$G$ 为与频率无关的因子，$U_0$ 为 Ricker 子波的振幅谱：

$$U_0(\omega) = \frac{2f^2}{\sqrt{\pi}f_m^2}\exp\left(-\frac{f^2}{f_m^2}\right) \quad (2\text{-}21)$$

式中，$f_m$ 为 Ricker 子波的主频。对式(2-20)求导并令导数为零，可得：

$$\frac{\partial U(f, \ t)}{\partial f} = G(t)\frac{\partial U_0(f)}{\partial f}e^{-\frac{\pi ft}{Q}} + G(t)U_0(f)e^{-\frac{\pi ft}{Q}}\left(-\frac{\pi t}{Q}\right) = 0$$

$$(2\text{-}22)$$

对式(2-21)求导并代入式(2-22)可得：

$$Q = \frac{\pi t f_p f_m^2}{2(f_m^2 - f_p^2)} \quad (2\text{-}23)$$

式中　$f_p$——接收信号的峰值频率。

### 2.3.3　几种频率域方法的性能比较

1）子波依赖性比较

该实验采用单层介质模型，速度为 2000m/s，两个检波器之间的距离为 100m，如图 2-4 所示，实验采用 $\eta$ 分别为 0.35、0.5 和 0.65 的常相位子波和主频为 60Hz 的 Ricker 子波作为震源子波。

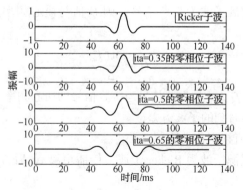

图 2-4　Ricker 子波与不同参数的常相位子波示意图

图 2-5 是理论 $Q$ 值以 5 为间隔从 10 变化到 200 时，用对数谱比法（LSR）、质心频率偏移法（CFS）、峰值频率移动法（PFS）、谱相关系数法（CS）、WEPIF 法估计的 $Q$ 值。由图 2-5 可知，震源子波为 Ricker 子波时五种方法估计的结果都较准确，$\eta=0.65$ 时，PFS 法和 WEPIF 法有误差，随着 $\eta$ 减小，这两种方法的估计误差逐渐增大，但每种参数下 WEPIF 方法的估计误差小于 PFS 方法的估计误差，即 WEPIF 法的子波依赖性小于 PFS 方法。其他三种方法(LSR、CFS、CS)的子波依赖性较小。

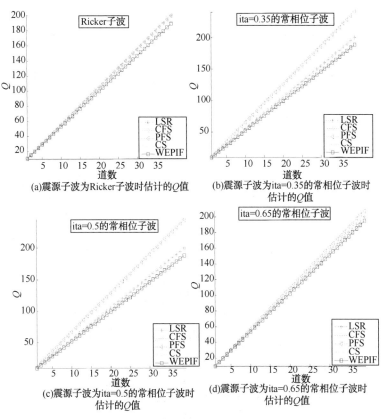

图 2-5 震源子波为图 2-4 所示的波形时估计的 $Q$ 值

2) 抗噪性比较

该实验采用单层介质模型，速度为 2000m/s，两个检波器之间的距离为 100m，理论 $Q$ 值为 100，震源子波采用主频为 60Hz 的 Ricker 子波，叠加截止频率为 150Hz 的带限高斯白噪声，震源子波与含噪的接收记录及其频谱分别如图 2-6 所示。

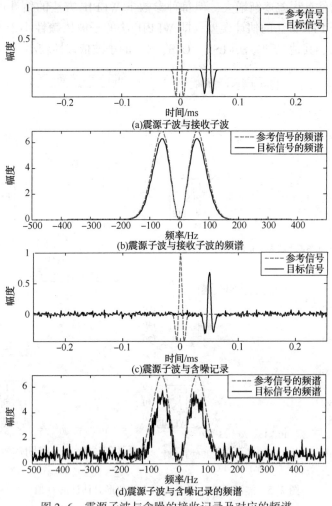

图 2-6　震源子波与含噪的接收记录及对应的频谱

图 2-7 是信噪比以 5 为间隔从 1 到 66 变化时用五种方法估计的 Q 值，可以看出，CS 法的抗噪性最好，信噪比很小时也能得到准确的参数估计；WEPIF 法的抗噪性次之，随着信噪比的增大能很快趋于真值；CFS、LSR 及 PFS 法的抗噪性较差，其中 CFS 法最差。

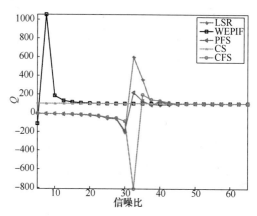

图 2-7 信噪比以 5 为间隔从 1 变化到 66 时用五种方法估计的 Q 值
（注：CS 法的抗噪性最好，WEPIF 法的抗噪性次之，CFS、LSR 及 PFS 法的抗噪性较差。）

3）纵向分辨率比较

纵向分辨率指估计方法可以精确求取介质参数时的最小地层厚度。当地层较薄时，由于反射波的干扰导致无法准确求取衰减参数，因此纵向分辨率是衡量某种方法是否实用的有效度量手段。该实验采用图 2-8 所示的楔形模型来研究纵向分辨率。震源分别采用 Ricker 子波和常相位子波，子波主频以 5Hz 为间隔从 30Hz 逐渐变化到 100Hz。楔形模型的层厚度每增加 1m 均正演一道合成记录，层厚度共 200m，因此合成记录共 200 道。层间速度为 2500m/s，理论 Q 值为 30。图 2-9 是震源子波为 Ricker 子波时的纵向分辨率，横轴为 Ricker 子波的主频，纵轴为不同主频时的分辨率，可以看出 WEPIF 法的纵向分辨率最好，在每一种主频下都可以在较小的地层厚度时就准确估计 $Q$ 值，这是因为该方法不需要加窗，减小了加窗截取波形带来的误差。图 2-10 是震源子波为不同主频的常相位子波时的纵向分辨率，由该图可以得出与图 2-9 类似的结论，WEPIF 法的纵向分辨率最好，CFS 法的最差。同时，对比图 2-9 和图 2-10 可看出，震源子波为 Ricker 子波时，五种方法的纵向分辨率都优于震源子波为常相位子波时的分辨率，如震源子波的主频都为 30Hz 时，两种震源子波情况下，LSR 方法的纵向分辨率分别为 87m 和 120m。

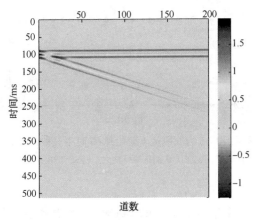

图 2-8　基于楔形模型的合成记录

## 2.4　常用地震资料简介

地球物理勘探是通过对地震场及其他场(如重力场、电磁场等)进行研究以获取地下介质的岩性、物性、饱和度、渗透率等参数信息，进而对地下矿藏、油、气、煤等资源进行勘探的总称。其中，地震勘探通过检波器接收人工激发的或自然的地震，对获取的地震资料进行数学的、物理的、信号处理等方面的研究，以分析地下介质的属性、构造等。震源产生的地震波在地下介质中传播时，遇到反射界面后产生反射、折射及透射，用检波器在地表或地下接收反射波、透射波及折射波等，可形成各种地震资料剖面。根据震源及检波器的不同位置、接收到的波的不同类型，地震资料分为地面反射资料、VSP（垂直地震剖面）资料、井间地震资料等。下面分别介绍这几种地震资料的观测系统及优缺点。

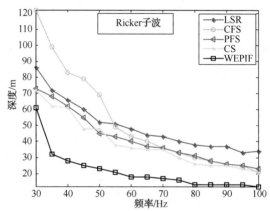

图 2-9　震源子波为 Ricker 子波时不同方法的纵向分辨率

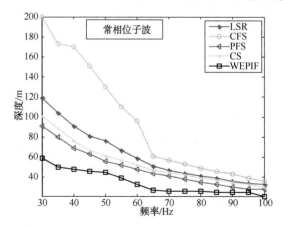

图 2-10　震源子波为常相位子波时不同方法的纵向分辨率

### 2.4.1 地面地震资料

地面反射地震资料是在地表激发且在地表接收的地震记录，激发的震源子波向下传播，经由地层界面反射后被地表的检波器接收，一个检波器接收的数据构成一道记录，其观测系统如图 2-11 所示。地面反射地震资料利用的是反射波法，在横向上可追踪较大偏移距范围内的介质岩性、物性变化。根据是否进行叠加，可分为叠前地面反射资料和由叠前道集经过叠加得到的叠后地面反射资料。叠前反射地震资料有精确的层位信息、丰富的振幅和走时信息及丰富的频率信息，可以观察一些细微的地层特征如薄层中的波形变化等，其缺点是信噪比较低。为了提高信噪比，将叠前反射地震资料经过 NMO(垂直时差校正)动校正处理，将同相轴拉平后进行叠加可得到叠后反射地震资料。叠后反射地震资料的信噪比(SNR)较高，但由于 NMO 拉平会使远偏移距的波形展宽，不同偏移距处波形展宽程度不同，进行叠加后损坏了原有的振幅和频率信息，使得其对薄层不敏感，无法反映一些细微的地层特征，尤其是当油气藏的厚度远小于地震波分辨能力时，用叠后地震资料提取的 $Q$ 值很难确定含气储层的准确位置。总体来说，反射波法操作方便，检波器位于地表，无须造井，使得成本降低，但由于检波器远离地层界面，其接收到的记录是一种间接观测，因此反射地震资料的纵向分辨率较低。

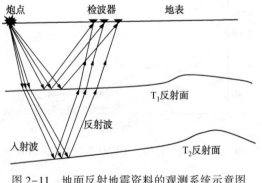

图 2-11　地面反射地震资料的观测系统示意图

### 2.4.2 VSP 资料

VSP 资料是在地表激发地震波，在井中布置一级或多级检波器，通过接收反射波、透射波、折射波等形成的地震记录。根据震源位置与井口位置是否重合，VSP 资料可分为零偏 VSP 资料、非零偏 VSP 资料及 3D-VSP 资料等，如图 2-12 所示。

在零偏 VSP 资料的观测系统中，其震源置于井口附近，在这种观测系统下地震波是垂直入射、垂直反射的，然而实际中难以实现震源与井塔位置完全重合，一般来说当最小炮检距小于 100m 时即认为是零偏移距。由于 VSP 资料的检波器放置在位于地层内部的井中，因此可接收到上、下行纵波，上、下行转换波等，与地面反射资料相比，VSP 资料有如下优势：

（1）由于采用透射波法，接收到的地震波是单程传播的，因此地震记录的频率信息丰富，高频损伤小。

（2）由检波器位置可得到精确地层深度，结合拾取的走时可进行高精度的速度分析。

（3）检波器位于井中，因此接收记录信噪比高，受到采集脚印、随机噪声等的干扰较小。

（4）由于检波器靠近目的层，可直接记录与层位有关的波形，接收信号的振幅畸变较小。

（5）结合测井、钻井等资料，可估计各向异性介质的相关参数。

还有其他优势，如可进行信号的三分量接收等。然而，这种特殊的观测方式带来诸多优势的同时，也有其局限性。零偏 VSP 资料比较突出的局限是其测量范围小，接收到的波种类少，且采集工艺复杂，而非零偏 VSP 资料虽然成像范围随偏移距的增加而增大，但当偏移距过大时，由于波形转换可能导致接收记录的质量下降。

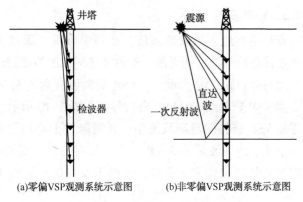

(a)零偏VSP观测系统示意图    (b)非零偏VSP观测系统示意图

图 2-12　VSP 资料的观测系统示意图

### 2.4.3　井间地震资料

井间地震资料是在井中激发、井中接收的地震记录，井下激发系统采用不破坏井壁的震源，井下接收系统由多级三分量检波器组成，观测系统如图 2-13 所示。井间地震资料的特点是：

（1）波场复杂。接收到的波有直达波、反射波、绕射波、井筒波、散射波、转换波及多次反射波等。其优点是波场信息丰富，可根据不同的研究目的选择不同的波场。但是，各种波之间的相互干扰便成了它的缺点，尤其是井筒波能量很强，使得利用井间地震资料进行成像比较困难。

（2）分辨率高，频带宽，主频高。井间地震资料可分辨 1m 左右的薄层，其分辨率是地面反射地震资料的 10~100 倍，其主频可达 450Hz。高分辨、高频是地震勘探永恒的主题，但频率过高导致子波延续时间过短，增加了处理难度，例如将使得去噪和同相叠加比较困难。

（3）反射角度大，使得很多射线处于临界角外，造成成像困难。

（4）探测范围有限，价格昂贵。一次采集仅能获取两口井之间地下介质的二维信息，无法采集 3D 数据，且每口井价格昂

30

贵，甚至会造成井孔损伤等。

　　井间地震作为一种超高分辨率的技术，在层析成像反演、井间油藏与储层精细刻画等方面已取得了很好的应用，目前井间地震技术的发展趋势是采集成本不断下降、效率不断提高、成像更加精确，井间地震资料与地面反射资料的联合反演能取得较好的结果。

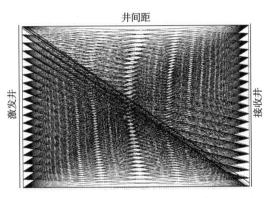

图 2-13　井间地震观测系统示意图

## 2.5　小结

　　本章首先介绍了 $Q$ 值及衰减的概念、物理机理及常用数学模型等，然后介绍了几种频率域估计 $Q$ 值的方法，重点介绍了WEPIF方法，并比较了五种频率域方法的子波依赖性、抗噪性及纵向分辨率等，最后简要介绍了几种常用地震资料的观测系统，分析了这几种资料的优缺点，为后续章节提供理论基础。

# 第3章 基于叠前地面反射资料 估计介质品质因子的方法

## 3.1 引言

地层是黏弹性介质，地震波在地下传播过程中，由于介质的吸收效应，致使产生波的衰减和散射。品质因子 $Q$ 值是度量介质衰减特性的重要参数，也是指示地层含油气性的重要属性之一。由地震资料估计的地层衰减不仅可用于岩性及含流体分析、储层识别和烃类检测等，也可用于对地震资料进行吸收补偿，提高地震资料分辨率等。

目前，常用于估计 $Q$ 值的地震资料有 VSP 资料、井间地震资料、叠后反射地震资料、叠前反射地震资料等。地面地震资料的纵向分辨率相对较低，且是远离地层界面的间接观测，但在横向上可在很大范围内追踪地层厚度和岩性变化，在油气勘探中应用得较多。地面地震资料分为叠前地面反射资料和叠后地震资料。叠后地震资料的信噪比高，但由于经过 NMO 拉伸和叠加，损坏了部分振幅和频率信息，无法反映一些细微的地层特征。与叠后地面反射资料相比，叠前反射地震资料虽然信噪比较低，但是比叠后反射地震资料有更加精确的地层信息及丰富的振幅和走时信息，频率无损坏，一些细微的地层特征在叠后地震资料上是看不到的，尤其是当薄互层存在时，叠后地震资料很难区分散射与吸收。鉴于叠前资料丰富的振幅和频率信息，我们有必要研究基于叠前反射地震资料的介质品质因子估计方法。

已有许多学者对叠前地震资料的衰减估计技术进行了研究。

王小杰和吴国忱等提出了基于叠前地面反射资料利用时频谱分解技术估算地层吸收参数的方法，该方法基于震源子波为零相位子波的假设，用质心频率偏移法、斜率法、谱比法实现了衰减估计。然而，该方法没有讨论射线几何路径不同对吸收参数的影响，即具有不同入射角的射线穿过多层介质时，如何拾取层间走时的问题，且该方法采用频率域方法估计 $Q$ 值，这些方法大多需要加窗截取地震记录并用傅里叶变换计算频谱，而在实际问题中恰当地选择窗函数的类型及长度是比较困难的。Zhang 和 Ulrych 提出了基于叠前 CMP 资料且用 PFS 法(峰值频率移动法)估计 $Q$ 值的方法，用 PFVO(峰值频率随偏移距变化)方法利用非零偏移距处的峰值频率外推出该同相轴零偏移距处的峰值频率，进而用 PFS 法计算出 $Q$ 值曲线。该方法把叠前 $Q$ 值提取问题转换为类似叠后 $Q$ 值提取问题，解决了直接利用叠前资料估计 $Q$ 值时非零偏移距处的走时难拾取的问题。Zhang 提出的 PFS 法假设震源子波是零相位的 Ricker 子波，当震源子波满足假设条件时估计的 $Q$ 值精度较高，然而在实际资料中，震源子波通常不是零相位的，导致该方法估计的 $Q$ 值误差较大；另外，Zhang 的方法给出的实现步骤中，用包络峰值处瞬时频率 EPIF 代替峰值频率 PF，二者的定义不同，求取方法不同，稳定性不同，可能会导致误差。高静怀和杨森林等提出用 WEPIF(子波包络峰值处瞬时频率)方法估计 $Q$ 值，该方法利用子波包络峰值处瞬时频率与衰减之间的关系求取 $Q$ 值，纵向分辨率高，能避免加时窗问题，抗噪性好而且更易于实现。

基于上述讨论，本章第 2 节中对 PFVO 方法进行改进，提出 EPIFVO 方法，研究适合一般地震子波的叠前 CMP 资料衰减估计技术。首先阐述了该方法的原理，详细推导了 EPIF(包络峰值瞬时频率)与 $Q$ 值满足的关系，并讨论了含倾斜界面地震资料的 $Q$ 值估计方法；然后给出了具体的实现方法，包括层位的拾取方法、瞬时频率的计算方法、子波参数的估计方法、计算步骤等；

最后，用数值仿真及实际资料对提出的方法进行测试。在EPIFVO方法的基础上，我们转换思路，探索用反演方法求取 $Q$ 值，提出包络峰值瞬时频率匹配技术（EPIFM），结果显示在浅层水平层状介质中，EPIFM方法估计结果较准确，因此本章第三节介绍了EPIFM方法的原理，并用合成数据验证了该方法的有效性。

## 3.2 EPIFVO方法估计 $Q$ 值

### 3.2.1 EPIF与偏移距的关系（EPIFVO）

处理叠前地面反射资料的一个难点是波在各层间传播的走时难提取。图3-1是水平层状介质中波传播示意图。在图3-1(a)中，检波器 $R_1$ 处接收到的地震波的传播走时与入射角 $\theta_1$ 有关，检波器 $R_2$ 处接收到的地震波的走时与入射角 $\theta_1$ 及透射角 $\theta_2$ 有关，以此类推，多层介质中波传播的走时与各层入射角及透射角有关，即与介质的速度、密度等有关，但实际中获取精确的角度信息及介质参数信息比较困难。而零偏移距处的波是垂直入射垂直反射的，如图3-1(b)所示，各层的入射角和透射角都已知，其走时可以从测井曲线或叠后数据等资料中拾取，因此将非零偏移距处 $Q$ 值估计问题转化为零偏移距处 $Q$ 值估计问题将大大减小估计难度。实际中无法获得零偏移距处的地震道数据，我们试图寻找非零偏移距处的EPIF与偏移距或走时的关系，以期利用该关系外推出零偏移距处的EPIF，进而利用零偏移距资料求取 $Q$ 值，这样就可以避免求取不同偏移距处的层间走时。

下面推导不同介质情况下EPIF与走时的关系。

1）单层介质的情况

假设震源子波可以用如下具有4个参数的常相位子波近似：

$$s(0, t) = A' \left(\frac{\delta^2}{\pi}\right)^{1/4} \exp\left[i(\sigma t + \varphi) - (\delta t)^2/2\right] \quad (3-1)$$

式中, $\sigma$ 为调制角频率, $\delta$ 为能量衰减因子, $A'$ 和 $\varphi$ 分别为振幅和相位。

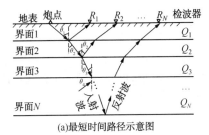

(a)最短时间路径示意图　　(b)零偏移时波传播示意图

图 3-1　水平层状介质中波传播示意图

对式(3-1)两边做 Fourier 变换得:

$$S(0,\ \omega) = A'\left(\frac{4\pi}{\delta^2}\right)^{1/4} \exp\left[-\frac{(\omega-\sigma)^2}{2\delta^2} + i\varphi\right] \qquad (3-2)$$

在水平层状黏弹介质中, 只考虑单程波传播, 假设 $Q$ 值与频率无关, 则由衰减引起的频谱的变化为:

$$S(\Delta z,\ \omega) \propto S(0,\ \omega)\, \mathrm{e}^{-\omega t^*/2} \qquad (3-3)$$

式中, $t^* = \displaystyle\int_{\mathrm{raypath}} \frac{\mathrm{d}s}{Q(s)\,c(s)}$ , $S(0,\ \omega)$ 及 $S(\Delta z,\ \omega)$ 分别为传播路程起点和终点的振幅谱。

假设地震子波以入射角 $\theta$ 传播到厚度为 $\Delta z$ 的界面上, 经反射后被地面的检波器接收(图 3-2), 将式(3-2)代入式(3-3)可得接收子波的频谱为:

$$S(\Delta z,\ \theta,\ \omega) = G(\Delta z)R(\theta)S(0,\ \omega)\exp\left[-\frac{i2\omega\Delta z\cdot\sec(\theta)}{c(\omega)}\right.$$
$$\left. -\frac{\omega\Delta z\cdot\sec(\theta)}{c(\omega)Q}\right] \qquad (3-4)$$

式中, $\omega$ 为角频率, $\Delta z$ 为地层厚度, $G(\Delta z)$ 和 $R(\theta)$ 分别为不依赖于频率和吸收的因子(如几何扩散等)及界面反射系数, $S(0,\ \omega)$ 为震源子波的频谱, $S(\Delta z,\ \theta,\ \omega)$ 为检波器接收到的反射波的频谱，$c(\omega)$ 为相速度。Barnes 指出，常相位子波的包络峰值瞬时频率（EPIF）为子波振幅谱对 Fourier 频率加权的平均频率，即

$$f_p(\tau) = \frac{\int_0^\infty f A(\tau, f) \, \mathrm{d}f}{\int_0^\infty A(\tau, f) \, \mathrm{d}f} \tag{3-5}$$

将式(3-2)的模代入式(3-5)得到零时刻震源子波的 EPIF：

$$f_p(0) = \frac{\sigma}{2\pi} + \frac{\dfrac{\delta^2}{2\pi^2}\exp\left[-\dfrac{2\pi^2}{\delta^2}\left(\dfrac{\sigma}{2\pi}\right)^2\right]}{\int_0^\infty \exp\left[-\dfrac{2\pi^2}{\delta^2}\left(f - \dfrac{\sigma}{2\pi}\right)^2\right]\mathrm{d}f} \tag{3-6}$$

若忽略速度频散，即 $c(\omega) = c$，将式(3-2)代入式(3-4)可得子波传播时间 $\tau$ 后的振幅谱为：

$$A(\tau, \theta, f) = A'G(\Delta z)R(\theta)\left(\frac{4\pi}{\delta^2}\right)^{1/4}$$
$$\exp\left(\frac{\delta^2\tau^2}{8Q^2} - \frac{\sigma\tau}{2Q}\right)\exp\left[-\frac{2\pi^2}{\delta^2}\left(f - \frac{\sigma}{2\pi} + \frac{\tau\delta^2}{4\pi Q}\right)^2\right] \tag{3-7}$$

式中，$\tau = \dfrac{2\Delta z \cdot \sec(\theta)}{c(\omega)}$ 为信号传播时间。

将式(3-7)代入式(3-5)得到传播时间 $\tau$ 后接收子波的 EPIF 为：

$$f_p(\tau) = \frac{\int_0^\infty f\exp\left[-\dfrac{2\pi^2}{\delta^2}\left(f - \dfrac{\sigma}{2\pi} + \dfrac{\tau\delta^2}{4\pi Q}\right)^2\right]\mathrm{d}f}{\int_0^\infty \exp\left[-\dfrac{2\pi^2}{\delta^2}\left(f - \dfrac{\sigma}{2\pi} + \dfrac{\tau\delta^2}{4\pi Q}\right)^2\right]\mathrm{d}f}$$
$$= \left(\frac{\sigma}{2\pi} - \frac{\tau\delta^2}{4\pi Q}\right) + \frac{\dfrac{\delta^2}{4\pi^2}\exp\left[-\dfrac{2\pi^2}{\delta^2}\left(\dfrac{\sigma}{2\pi} - \dfrac{\tau\delta^2}{4\pi Q}\right)^2\right]}{\int_0^\infty \exp\left[-\dfrac{2\pi^2}{\delta^2}\left(f - \dfrac{\sigma}{2\pi} + \dfrac{\tau\delta^2}{4\pi Q}\right)^2\right]\mathrm{d}f} \tag{3-8}$$

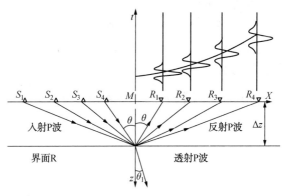

图 3-2　入射 P 波、反射 P 波、透射 P 波的关系及 CMP 模型示意图

由式(3-8)可以看出，影响子波振幅谱的振幅因子 $A'$、不依赖于频率的因子 $G(\Delta z)$ 及反射系数 $R(\theta)$，在求取包络峰值瞬时频率时由于比值关系而相互抵消，因此在层状均匀黏弹介质中，不考虑多次波的情况下，利用 EPIF 可以消除界面反射系数、振幅因子等因素的影响。

借鉴 Gao 文章中的推导过程，将式(3-8)经过一系列的展开、变量替换及舍去高阶项等处理，得到传播时间 $\tau$ 后的 EPIF 为：

$$f_{\mathrm{p}}(\tau) \doteq f_{\mathrm{p}}(0) - \left(\frac{\delta^2}{4\pi Q} - \frac{D\sigma}{2Q}\right)\tau \doteq f_{\mathrm{p}}(0) - \frac{\delta^2\kappa(\eta)}{4\pi Q}\tau \quad (3-9)$$

式中，$D = \dfrac{1}{I_1}\dfrac{\delta^2}{4\pi^2}\exp(-2\pi^2\eta^2)$，$\eta = \dfrac{\sigma}{2\pi\delta}$，$I_1 = \displaystyle\int_{-\frac{\sigma}{2\pi}}^{\infty}\exp\left(-\frac{2\pi^2}{\delta^2}f^2\right)\mathrm{d}f$，$\kappa(\eta) = 1 - \sqrt{2\pi}\,\eta\Phi^{-1}(2\pi\eta)\exp(-2\pi^2\eta^2)$，$\Phi^{-1}(*)$ 为标准正态分布概率积分函数。

由式(3-9)可知，传播一定时间后子波的 EPIF 与走时近似为线性关系，其截距是初始时刻子波的 $\mathrm{EPIF}f_{\mathrm{p}}(0)$，斜率 $\dfrac{\delta^2\kappa(\eta)}{4\pi Q}$ 与 $Q$ 有关。

2）多层介质的情况

上一小节介绍的是单层介质的情形，本节将其推广到多层介质的情况。假设介质有 $N$ 个反射界面，检波器接收到的经第 $N$ 个界面反射的波为：

$$
S(\Delta z,\ \theta,\ \omega) = \Big[\prod_{i=1}^{N} G(\Delta z_i) R(\theta_i)\Big] S(0,\ \omega)
$$

$$
\exp\Big[-i2\omega \sum_{i=1}^{N}\Big(\frac{\Delta z_i \cdot \sec(\theta_i)}{c_i(\omega)}\Big) -
$$

$$
\omega \sum_{i=1}^{N}\Big(\frac{\Delta z_i \cdot \sec(\theta_i)}{c_i(\omega) Q_i}\Big)\Big] \tag{3-10}
$$

若忽略速度频散，令 $\Delta t_i = \dfrac{2\Delta z_i \cdot \sec(\theta_i)}{c_i(\omega)}$ ，则反射波的振幅谱为：

$$
A(\Delta t,\ f) = \Big[\prod_{i=1}^{N} G(\Delta z_i) R(\theta_i)\Big] A(0,\ \omega) \exp\Big[-\sum_{i=1}^{N}\Big(\frac{\pi f \Delta t_i}{Q_i}\Big)\Big]
$$

$$
\tag{3-11}
$$

式中，$A(0,\ \omega)$ 为震源子波的振幅谱。式(3-11)代入式(3-5)得到传播时间 $\tau$ 后子波的 EPIF 表达式，将其展开、变量替换及舍去高阶项后得到：

$$
f_{\mathrm{p}}(\tau) = f_{\mathrm{p}}(0) - \frac{\delta^2 \kappa(\eta)}{4\pi}\Big(\sum_{i=1}^{N}\frac{\Delta t_i}{Q_i}\Big)
$$

$$
= f_{\mathrm{p}}(0) - \frac{\delta^2 \kappa(\eta)}{4\pi}\Big(\sum_{i=1}^{N-1}\frac{\Delta t_i}{Q_i} - \frac{\sum_{i=1}^{N-1}\Delta t_i}{Q_N}\Big) - \frac{\delta^2 \kappa(\eta)}{4\pi Q_N}\tau \tag{3-12}
$$

式中，$\Delta t_i$ 是反射波在第 $i$ 层的双程走时，$\tau = \sum_{i=1}^{N}\Delta t_i$ 。

由式(3-12)可以看出，$N$ 层介质情况下，子波的 EPIF 与走时仍然满足线性关系，但它的截距除了与零时刻震源子波的 EPIF 有关外，还与各层介质的走时及品质因子有关，而走时 $\Delta t_i$

因射线入射角不同而不同，故其截距不是常数，因此不能用此公式直接求衰减。

地震波传播时真正遵循的是"沿最小时间路程传播"原理，即费马原理，如图3-3(a)所示。小偏移距小排列的情况时，在一定的精度要求下，可以将多层介质中波传播的时距曲线近似地看成双曲线。讨论层状介质问题的基本思路是：如图3-3(a)所示的水平层状介质，我们可以把 $R_2$ 界面以上的介质设法用等效均匀介质来代替，并令这种假想的均匀介质的波速度及品质因子取某个等效值，使得 $R_2$ 界面以上的介质简化为均匀介质，即变成单层模型，以此类推，可以把 $R_N$ 界面以上的 $N$ 层介质用具有某个等效品质因子的均匀介质来代替，如图3-3(b)所示，即把波的最短时间路程传播简化为最短路径传播。

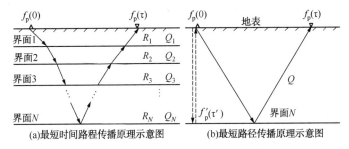

(a)最短时间路程传播原理示意图　　(b)最短路径传播原理示意图

图3-3　多层介质简化为单层介质示意图

对于式(3-12)中的第一项和第二项，令 $\dfrac{\tau}{Q_{\text{eff}}} = \sum\limits_{i=1}^{N} \dfrac{\Delta t_i}{Q_i}$，式(3-12)简化为：

$$f_{\text{p}}(\tau) = f_{\text{p}}(0) - \frac{\delta^2 \kappa(\eta)}{4\pi}\left(\sum_{i=1}^{N} \frac{\Delta t_i}{Q_i}\right) = f_{\text{p}}(0) - \frac{\delta^2 \kappa(\eta)}{4\pi} \frac{\tau}{Q_{\text{eff}}}$$

$$(3-13)$$

式(3-13)与式(3-9)形式相同，不同点是式(3-13)中的 $Q$ 值为多层介质的等效 $Q$ 值，而式(3-9)中的 $Q$ 值为单层介质的

层间 $Q$ 值。

下面分析式(3-13)的意义及作用。式(3-13)表示的是多层介质中接收信号的 EPIF 与走时的关系,截距为震源子波的 EPIF,斜率为与等效 $Q$ 值有关的量。沿每个同相轴拾取不同偏移距处的 EPIF 和走时并进行线性拟合,计算斜率和截距,即可外推出零时刻子波的 EPIF,这就是 EPIFVO(包络峰值瞬时频率随偏移距的变化)方法。由式(3-13)可知,斜率应该是负的,若拟合出的斜率为正,则认为此处频率的变化不是由衰减引起的,可能是由薄互层导致的同相轴调谐,故需先处理异常斜率对应的EPIF 值。

前面讨论单层及多层介质中 EPIF 与走时满足的关系时,波是从零时刻开始传播的,为了求取 $Q$ 值方便,下面将其推广到以任意时刻为起始点的情况。

设震源子波的振幅谱为 $A(0, f)$ ,那么零偏移距处(自激自收的情况)接收到的子波振幅谱为:

$$A(t_0, f) = G_1 R\left(\frac{\pi}{2}\right) A(0, f)\exp\left(-\frac{\pi f t_0}{Q_{\text{eff}}}\right) \tag{3-14}$$

式中, $t_0$ 为垂直入射垂直反射的双程走时。

而非零偏移距处接收到的子波振幅谱为:

$$\begin{aligned} A(\tau, f) &= G_2 R(\theta) A(0, f)\exp\left(-\frac{\pi f \tau}{Q_{\text{eff}}}\right) \\ &= G_2 R(\theta) A(0, f)\exp\left(-\frac{\pi f t_0}{Q_{\text{eff}}}\right)\exp\left(-\frac{\pi f \Delta t}{Q_{\text{eff}}}\right) \end{aligned} \tag{3-15}$$

式中, $\tau$ 与 $t_0$ 满足 $\tau = t_0 + \Delta t$ , $\Delta t$ 为垂直时差。

将式(3-14)代入式(3-15),可得:

$$A(\tau, f) = GRA(t_0, f)\exp\left(-\frac{\pi f \Delta t}{Q_{\text{eff}}}\right) \tag{3-16}$$

式中, $G = G_2/G_1$ , $R = R(\theta)/R(\pi/2)$ 。

经过与式(3-9)的推导过程类似的推导,得到初始时刻为 $t_0$,

40

传播走时为 $\tau$ 的子波的 EPIF 为：

$$f_{\mathrm{p}}(\tau) = f_{\mathrm{p}}(t_0 + \Delta t) = f_{\mathrm{p}}(t_0) - \frac{\delta^2 \kappa(\eta)}{4\pi Q_{\mathrm{eff}}} \Delta t \qquad (3-17)$$

式中，$f_{\mathrm{p}}(t_0)$ 为零偏移距处接收的子波的包络峰值瞬时频率。由式 (3-17) 可知，若线性拟合时采用垂直时差 $\Delta t$，则拟合出的截距为该同相轴零偏移距处对应层位的 EPIF。

3）倾斜层状介质的情况

上节讨论的是水平层状介质的情况，本节讨论含倾斜反射层的情况。界面倾斜时，中心点在界面上的投影与真正的反射点不重合。如图 3-4 所示，单个倾斜层状介质的情况下，中点 $M$ 在界面上的投影为 $R$，射线的反射点为 $R_1 \sim R_4$。假设每个炮点的震源子波相同，从叠前 CMP 资料的时距曲线上拾取接收信号的走时 $\tau$，若先验已知中心点 $M$ 处的自激自收走时 $t_0$（射线垂直于界面入射），可以证明，不管界面是沿上倾方向还是沿下倾方向，中心点 $M$ 处的走时 $t_0$ 是最小的。证明如下：

设 $H$ 为 $M$ 点处界面的法线深度，$x$ 为炮检距，根据几何关系且应用余弦定理，则射线到达偏移距 $x$ 处的路程平方为：

$$\begin{aligned} I_1 = & (2H - 2x\sin\varphi)^2 + (2x)^2 - \\ & 2 \cdot 2x \cdot (2H - 2x\sin\varphi) \cdot \cos(90 + \varphi) \end{aligned} \qquad (3-18)$$

中心点 $M$ 处的垂直路程平方为 $I_2 = (2H)^2$，路程差 $I = I_1 - I_2 = 4x^2(1 - \sin^2\varphi) > 0$，速度为常数，因此零偏移距处的走时最短，垂直时差大于零。

假设速度是均匀的，因此对水平层状介质的 EPIFVO 分析同样适用于单个倾斜层的情况，根据式 (3-9) 及式 (3-17) 可用线性拟合的方法求出零偏移距处的 EPIF。若线性回归时所用的时间为接收信号的走时 $\tau$，则拟合得到的截距为震源子波的 EPIF $f_{\mathrm{p}}(0)$，若线性回归时所用的时间为垂直时差 $\Delta t = \tau - t_0$，则拟合得到的截距为中心点 $M$ 在界面上的投影点 $R$ 处子波的 EPIF $f_{\mathrm{p}}(t_0)$，用下节介绍的 $Q$ 值计算公式可求得 $Q$ 值曲线。

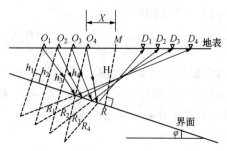

图 3-4  单个倾斜界面中波传播示意图

多个倾斜层的情况下，每一层有任意倾斜角，如图 3-5 所示。叠前 CMP 数据的中心点 $M$ 在目标反射界面上垂直入射到 $D'$，实际传播路径的反射点为 $D$。Hubral 和 Krey 提出射线沿 SDG 传播时的走时公式为：

$$t^2(x) = t_0^2 + \frac{x^2}{v_{\mathrm{NMO}}^2} + 高阶项 \qquad (3-19)$$

式中，$v_{\mathrm{NMO}}^2 = \dfrac{1}{t_0 \cos^2\beta_0} \sum\limits_{i=1}^{N} v_i^2 \Delta t_i(0) \prod\limits_{k=1}^{i-1} \left(\dfrac{\cos^2\alpha_k}{\cos^2\beta_k}\right)$，$t_0$ 为中心点 $M$ 到 $D'$ 的垂直双程总走时，$\Delta t_i(0)$ 为射线从 $M$ 点到 $D'$ 点的层间双程走时，$t_0 = \sum\limits_{k=1}^{N} \Delta t_k(0)$。

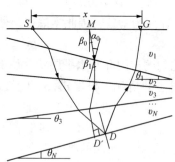

图 3-5  倾斜多层介质中波传播示意图

当界面倾斜角很小且小排列（偏移距小于深度）时，走时方程可用双曲线方程近似，动校正速度 $v_{\mathrm{NMO}}$ 可用均方根速度 $v_{\mathrm{rms}}$ 近似，即式（3-19）近似为：

$$t^2(x) = t_0^2 + \frac{x^2}{v_{\mathrm{rms}}^2} \tag{3-20}$$

这种双曲线形式的时距曲线是我们所熟知的，水平层状介质及单个倾斜层模型的时距曲线都是双曲线，因此小倾斜角小排列时，倾斜多层介质可以简化为单个倾斜层模型，速度为其上各层速度的均值，用 EPIFVO 方法外推出零偏移距处的 EPIF 后，由下节介绍的逐层递推法求出 $Q$ 值。

### 3.2.2　两种求取 $Q$ 值的方式

至此我们已经求出了零偏移距处各同相轴的 EPIF。零偏移距地震道中地震波是垂直入射、垂直反射的。下面推导利用零偏移距地震道中子波的 EPIF 计算 $Q$ 值的公式。

1）逐层递推方式

如图 3-6(a) 所示，在第 $N$ 个同相轴的零偏移距处，假设子波的走时为 $\tau$，第 $N$ 个同相轴处拾取的 EPIF 为 $f_{\mathrm{p}}(\tau)$，地表处震源子波的 EPIF 为 $f_{\mathrm{p}}(0)$，则由式（3-13）的第一项和第二项可得：

$$\sum_{i=1}^{N} \frac{\Delta t_i}{Q_i} = \frac{4\pi}{\delta^2 \kappa(\eta)} \Delta f_{\mathrm{p}} \tag{3-21}$$

式中，$\Delta f_{\mathrm{p}} = f_{\mathrm{p}}(0) - f_{\mathrm{p}}(\tau)$ 为子波的 EPIF 之差，$\Delta t_i$ 为零偏移距处第 $i$ 层的垂直双程走时，$Q_i$ 为各层间 $Q$ 值。

将式（3-21）左端展开，得

$$\sum_{i=1}^{N-1} \frac{\Delta t_i}{Q_i} + \frac{\Delta t_N}{Q_N} = \frac{4\pi \Delta f_{\mathrm{p}}}{\delta^2 \kappa(\eta)} \tag{3-22}$$

移项后得：

$$\frac{1}{Q_N} = \frac{1}{\Delta t_N} \left[ \frac{4\pi \Delta f_{\mathrm{p}}}{\delta^2 \kappa(\eta)} - \sum_{i=1}^{N-1} \frac{\Delta t_i}{Q_i} \right] \tag{3-23}$$

式(3-23)为计算各层衰减的逐层递推公式,其中 $\Delta f_p$ 为震源子波的 EPIF 与检波器接收到的子波的 EPIF 之差,第 $N$ 层介质的衰减估计精度依赖于其上各层的衰减估计精度,因此有误差累积效应。

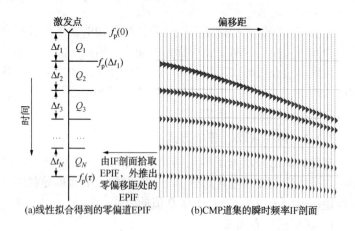

(a)线性拟合得到的零偏道EPIF              (b)CMP道集的瞬时频率IF剖面

图 3-6  EPIFVO 示意图,由 EPIF 与时间的线性关系
外推出零偏移距地震道的 EPIF

2)相邻两层直接求取方式

我们将式(3-13)做如下变形:

$$f_p(t_j) = f_p(0) - \frac{\delta^2 \kappa(\eta)}{4\pi}\left(\sum_{i=1}^{j-1}\frac{\Delta t_i}{Q_i} + \frac{\Delta t_j}{Q_j}\right) = f_p(t_{j-1}) - \frac{\delta^2 \kappa(\eta)}{4\pi}\frac{\Delta t_j}{Q_j}$$

$$(3-24)$$

进而可得出层间 $Q$ 值的另一个计算公式:

$$\frac{1}{Q_j} = \frac{1}{\Delta t_j}\frac{4\pi[f_p(t_{j-1}) - f_p(t_j)]}{\delta^2 \kappa(\eta)} \qquad (3-25)$$

式中,下标 $j$ 表示第 $j$ 层介质。式(3-25)的物理意义是:如图 3-7 所示,当零偏道中垂直入射的震源子波传播到第 $(j-1)$ 层后,根据惠更斯原理,将该子波的波前作为子震源,向各方向继

续传播，经过时间 $\Delta t_j/2$ 后子波到达第 $j$ 层界面并经界面反射，在第 $(j-1)$ 层接收到反射波。$f_p(t_{j-1})$ 为第 $(j-1)$ 层子震源的 EPIF，$f_p(t_j)$ 为经第 $j$ 层界面反射后子波的 EPIF。利用式（3-25）即可求出第 $j$ 层的层间 $Q$ 值。实验表明，利用零偏移距地震道相邻两层之间子波的 EPIF 变化来估计 $Q$ 值可以避免误差累积效应。

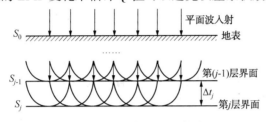

图 3-7 惠更斯原理示意图

### 3.2.3 实现方法

通过以上的讨论及分析可知，EPIFVO 方法的实现首先要确定同相轴的位置，然后计算各非零偏移距地震道的 EPIF，进而外推求出零偏移距处的 EPIF，求取子波参数后利用 WEPIF 方法求 $Q$ 值。本节讨论各步骤的具体实现方法。

1) 层位信息拾取方法

处理实际资料时，由叠后数据或测井资料拾取到的层位信息与叠前 CMP 资料的同相轴位置不是一一对应的，从叠后数据中拾取的某些层位在叠前资料中可能没有对应的同相轴，因此我们不是直接用叠后数据中提取的反射系数序列来引导同相轴位置的拾取，而是利用叠前 CMP 道集中道与道之间的相关性并结合先验的层位信息来拾取。在叠前 CMP 道集中，每一道的有效信号与邻近道的有效信号具有相关性，而噪声无相关性，故我们用近偏移距处相邻的几道地震记录来确定同相轴位置。目标函数为：

$$E(w_p) = \min \sum_{i=1}^{N_1} \left( w_{pi}\alpha_{pi} - \sum_{j=1}^{N_0} w_{qj}\alpha_{qj} \right)^2, \ p = a_1, \cdots, a_N, \ q \neq p$$

$$(3-26)$$

$$w_{qj} = \frac{\alpha_{pi}}{\alpha_{qj}} \qquad (3-27)$$

$$w_{pi} = \frac{\sum\limits_{j=1}^{N_0} w_{qj}\alpha_{qj}}{\alpha_{pi}} \qquad (3-28)$$

式中，$p$ 为选取的参考道的数目，$\alpha_p$ 和 $\alpha_q$ 分别为参考道和非参考道的同相轴位置，$w_p$ 及 $w_q$ 为道之间层位相关性的权重，$\alpha_p$、$\alpha_q$、$w_p$、$w_q$ 均为列向量，下标 $i$、$j$ 分别为列向量的元素索引，$N_0$ 和 $N_1$ 分别为非参考道和参考道中位置向量的元素个数。图 3-8 为层位拾取示意图，其实现步骤如下：

（1）选取近偏移距中的几道，例如选取叠前 CMP 资料的第 1~5 道（即 $a_1 \sim a_N = 1,2,3,4,5$），计算这五道的瞬时振幅 IA 和瞬时频率 IF，由 IA 和 IF 拾取的五道记录的 EPIF 及其位置构成列向量，参考道的 EPIF 位置记为 $\alpha_p$，非参考道的 EPIF 位置记为 $\alpha_q$，我们认为 EPIF 的位置等效为同相轴的层位位置。

（2）从上述近偏移距的几道中指定参考道，例如选取第一道作为参考道，根据式（3-27），求参考道的 EPIF 位置向量的某一元素 $\alpha_{pi}$ 与某一非参考道的 EPIF 位置向量每个元素 $\alpha_{qj}$ 的比值以确定非参考道的权重 $w_{qj}$，如图 3-8 中虚线所示的①。若 $w_{qj}$ 达到给定的阈值，则 $w_{qj}$ 置 1，否则置 0；权重 $w_q$ 是列向量，求出所有元素的 $w_{qj}$ 后，根据式（3-28）确定参考道的权重 $w_{pi}$，如图 3-8 中虚线所示的②；遍历参考道中 EPIF 位置向量的所有元素，最终确定 $w_p$；参考道不变，将上述过程遍历其他非参考道，每次将 $w_p$ 累加且将 $w_q$ 清零。

（3）依次从近偏移距的几道中指定其他道作为参考道，重复第 2 步的操作，并将每次求得的权重 $w_p$ 累加；若某位置上权重 $w_p$ 的值达到给定的阈值，则认为该位置是同相轴位置。该步骤可以避免由于某个参考道受到干扰导致误判同相轴位置的情况。

（4）以上步骤可由选取的近偏移距地震道确定参考的同相轴

位置，然后用同样的方法求取该参考位置与先验层位信息提供的同相轴位置的相关系数，确定最终的同相轴位置。

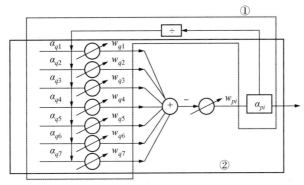

图 3-8　层位拾取示意图

2）瞬时频率及子波参数计算方法

瞬时频率定义为瞬时相位的导数，我们利用该定义计算瞬时频率。对于含噪信号，通常采用阻尼瞬时频率以增加计算的稳定性，即

$$f(t) = \frac{1}{2\pi} \frac{s(t) \dfrac{\mathrm{d}s^*(t)}{\mathrm{d}t} - s^*(t) \dfrac{\mathrm{d}s(t)}{\mathrm{d}t}}{a^2(t) + \varepsilon^2} \qquad (3-29)$$

式中，$s^*(t)$ 是信号 $s(t)$ 的希尔伯特变换，$\mathrm{d}s^*(t)$ 是 $s^*(t)$ 的导数，$a(t)$ 是瞬时振幅。

为了进一步稳定瞬时频率，通常还用地震信号幅度的平方对阻尼瞬时频率加权：

$$f_w(t) = \frac{\displaystyle\int_{t-L}^{t+L} f(t') W(t') \,\mathrm{d}t'}{\displaystyle\int_{t-L}^{t+L} W(t') \,\mathrm{d}t'} \qquad (3-30)$$

式中，$W(t')$ 为信号幅度的平方，$L$ 为加权窗的长度。

利用 WEPIF 法估计 $Q$ 曲线时，需要知道子波调制频率 $\sigma$ 和

47

能量衰减因子 $\delta$ 的值。可用如下公式近似计算：

$$\sigma = \frac{\int_0^\infty \omega \, |\hat{s}(\omega)| \, \mathrm{d}\omega}{\int_0^\infty |\hat{s}(\omega)| \, \mathrm{d}\omega} \qquad (3-31)$$

$$\delta^2 = \frac{\int_0^\infty (\omega - \sigma)^2 |\hat{s}(\omega)| \, \mathrm{d}\omega}{\int_0^\infty |\hat{s}(\omega)| \, \mathrm{d}\omega} \qquad (3-32)$$

式中，$\hat{s}(\omega)$ 为子波 $s(t)$ 的频谱。

3）EPIFVO 方法的实现流程

用 WEPIF 方法估计叠前 CMP 道集的 $Q$ 值前，先进行预处理，去除不同炮集中震源子波的不一致性。EPIFVO 方法的实现步骤如下：

（1）构造一个 CMP 超道集。在每道数据的邻域内选择极少的几道构造一个 CMP 超道集，对子波特征破坏不大，又可起到压制部分随机噪声的作用，解决叠前数据信噪比较低的问题。

（2）每道数据用三参数小波做小波变换，在小波域计算瞬时振幅 IA 和瞬时频率 IF。

（3）根据道与道的相关性拾取叠前 CMP 数据的同相轴，提取层位信息。

（4）根据层位信息，在反射界面附近拾取各道的 IA 的包络峰值对应的瞬时频率，即包络峰值处瞬时频率 EPIF，由于水平层状介质中各同相轴的时距曲线是双曲线，故同相轴位置满足如下约束条件：

$$pos\,|_{\text{fore}}(event) < pos\,|_{\text{now}}(event) \underset{(小排列)}{\leqslant} pos\,|_{\text{fore}}(event+1)$$

$$(3-33)$$

式中，$pos\,|_{\text{now}}(event)$ 为当前道某同相轴的位置，$pos\,|_{\text{fore}}(event)$ 为前一道该同相轴的位置，即当前道的同相轴位置必然大于前一道

同一同相轴的位置，而有可能小于前一道下一同相轴的位置（小排列时成立，而同相轴有交叉时可能不成立），实际中利用同相轴的梯度信息拾取连续同相轴更准确（在第6章介绍）。

（5）单个同相轴计算，从叠前剖面上拾取波至时间，用不同偏移距处的 EPIF 和垂直时差进行线性拟合求取斜率和截距，截距即零偏移距地震道的 EPIF，并处理异常斜率对应的截距。

（6）用 WEPIF 法计算零偏移距地震道的 $Q$ 值。

EPIFVO 方法的流程图如下：

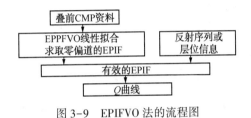

图 3-9　EPIFVO 法的流程图

### 3.2.4　算例与分析

**1）基于五层模型的合成叠前 CMP 资料**

首先用一个合成的叠前 CMP 资料来检验本章所提方法的有效性。图 3-10(a) 为模型参数，震源子波采用主频为 50Hz 的常相位子波，最小炮检距为 10m，用 49 个间距为 5m 的检波器进行接收，共 49 道，采样率为 1ms。叠前 CMP 资料的正演采用基于 Fermat 原理的射线追踪法，正演的合成数据如图 3-10(b) 所示。合成资料共 5 个同相轴，理论层间 $Q$ 值分别为 150、200、100、150 和 250。

图 3-11 为 5 个同相轴中子波的 EPIF 与偏移距的关系，可以看出 EPIF 沿偏移距为双曲线形式。图 3-12 为 5 个同相轴中子波的 EPIF 与时间的关系，右侧和下方的 5 张图分别为 5 个同相轴的 EPIF 与时间关系的放大图，可以看出 5 条曲线都近似满足线性关系，验证了提出理论的正确性。

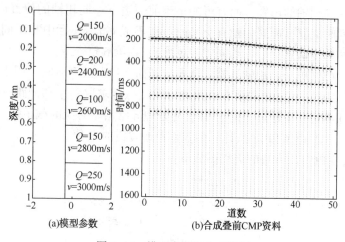

(a)模型参数　　　　(b)合成叠前CMP资料

图 3-10　模型参数与合成数据

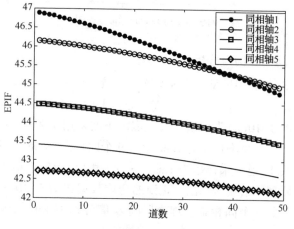

图 3-11　子波 EPIF 与偏移距的剖面

　　下面对比 WEPIF 方法和 PFS 方法估计 $Q$ 值的精度。WEPIF 法和 PFS 法对子波均有一定的依赖性，WEPIF 法对子波的依赖性要小于 PFS 法。合成记录的子波参数 $\eta = 0.467$。PFS 方法是基于震源子波为 Ricker 子波的假设推导 $Q$ 值计算公式的，本章采用常相位子波为震源子波，因此基于常相位子波推导出 PFS 法的 $Q$ 值计算公式为：

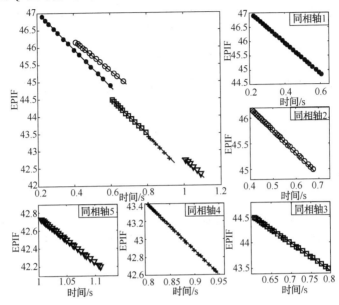

图 3-12 各同相轴的子波 EPIF 与时间的剖面

$$Q = -\frac{\Delta t \delta^2}{2(2\pi\Delta f_\mathrm{p} - \sigma)} \tag{3-34}$$

式中，$\Delta f_\mathrm{p}$ 为峰值频率的差，$\sigma$、$\delta$ 为子波参数。图 3-13(a) 为采用相邻两层直接求取方式，用 WEPIF 法估计的 $Q$ 值曲线，其中点线是真实的 $Q$ 值，实线是估计的 $Q$ 值，估计的误差均在合理范围内，验证了该方法的有效性；图 3-13(b) 为 PFS 法估计的 $Q$ 值曲线，其中虚线是真值，实线是估计的 $Q$ 值，从图中可见误差较大。该实验表明，EPIFVO 方法在震源子波为常相位子波的情况下，用 WEPIF 方法计算零偏移距地震道处的 $Q$ 值时具有较高的估计精度。

下面分析逐层递推方法和用斜率求取方法的优劣。图 3-14 为用 WEPIF 方法采用逐层递推方式估计的 $Q$ 值曲线，可以看出深层的估计误差较大，误差累积效应较明显。

由式(3-13)可知，线性回归的斜率为 $Gf = -\delta^2 \kappa(\eta)/4\pi Q_{eff}$，其与等效 $Q_{eff}$ 值有关，因此可以用斜率直接求取等效 $Q_{eff}$ 值，即

$$\frac{1}{Q_{eff}} = -\frac{4\pi Gf}{\delta^2 \kappa(\eta)} \tag{3-35}$$

进而用公式 $\dfrac{\tau}{Q_{eff}} = \displaystyle\sum_{i=1}^{N} \dfrac{\Delta t_i}{Q_i}$ 递推求取各层间 $Q$ 值，结果如图 3-15 所示。

由图可看出，直接用斜率估计的衰减误差波动较大，估计结果不稳定，原因之一是线性回归时需要进行人机交互修正部分 EPIF 值，以图 3-16(a) 所示的 EPIF 序列为例，如图 3-16(b) 所示，虽只上下移动第一个和第三个 EPIF 值，但线性拟合得到的斜率和截距较人机交互前差距很大；原因之二是式(3-35)中 $Q_{eff}$ 与斜率成正比例关系，斜率的微小误差均会影响 $Q_{eff}$ 值，故误差较大，且求取层间 $Q$ 值时有误差累积效应，而式(3-23)及式(3-25)中 $Q$ 与 $\Delta f_p$（EPIF 之差）有关，若人机交互采用的准则相同，两个包络峰值瞬时频率之差可以消去部分人机交互带来的主观影响，且可以直接求取层间 $Q$ 值，因此我们通常不直接利用斜率求取 $Q$ 值。

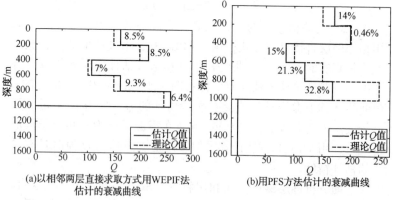

(a)以相邻两层直接取方式用WEPIF法
估计的衰减曲线

(b)用PFS方法估计的衰减曲线

图 3-13　分别用 WEPIF 法与 PFS 方法估计的 $Q$ 值曲线

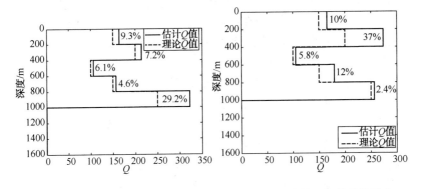

图 3-14　以逐层递推的方式用 WEPIF 法估计的 $Q$ 值

图 3-15　用线性回归得到的斜率估计的 $Q$ 值

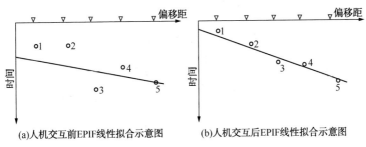

(a)人机交互前EPIF线性拟合示意图　　(b)人机交互后EPIF线性拟合示意图

图 3-16　人机交互误差产生示意图

2）含有薄层调谐效应的合成 CMP 数据

我们用射线追踪法合成含有薄互层的叠前 CMP 数据，其中第四层为薄互层，最后一层的 $Q$ 为 50，其上各层的 $Q$ 为 500，速度参数与图 3-10（a）所示相同。图 3-17（a）为六层模型的反射系数序列示意图，本图仅指示反射系数的时间位置，长短不代表反射系数的幅值，图 3-17（b）为合成的叠前 CMP 数据，由于第四层是薄层，同相轴的调谐作用使得由第三个和第四个界面反射的子波相互干扰、耦合，最终成为波形展宽的一个子波，因此

53

图 3-17（b）中显示只有五个同相轴，且第三个同相轴的波形较宽。图 3-18 为 5 个同相轴的子波包络峰值瞬时频率与偏移距的曲线，可以看出，其他同相轴的曲线近似为双曲线形式，而第三个同相轴的双曲线走势被破坏。

　　5 个同相轴线性拟合的斜率和截距如表 3-1 所示，第 3 个同相轴的斜率为正，其余同相轴的斜率为负。前文指出，拟合出的斜率应该为负，若为正，说明频率变化不是由衰减引起的，故需处理异常，表 3-1 的结果验证了理论的正确性。本章处理异常的方法是，若斜率为正，则将对应于该斜率的截距取其上下相邻两个同相轴拟合的截距的平均值。图 3-19（a）为未处理异常时估计的衰减曲线，点线为理论值，直线为估计值，可以看出估计误差较大，图 3-19（b）为处理异常后估计的曲线，其误差在合理范围内。

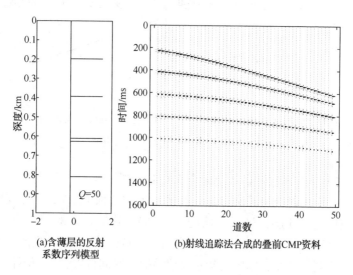

(a)含薄层的反射
系数序列模型

(b)射线追踪法合成的叠前CMP资料

图 3-17　模型参数和合成叠前 CMP 数据

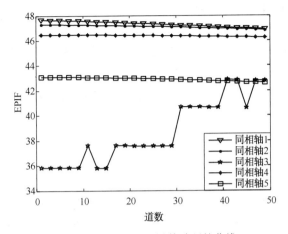

图 3-18　子波 EPIF 沿偏移距的曲线

表 3-1　拟合的五个同相轴的斜率和截距

| 同相轴 | 1 | 2 | 3 | 4 | 5 |
|---|---|---|---|---|---|
| 斜率 | -1.99 | -1.56 | 34.2 | -1.68 | -4.87 |
| 截距 | 47.7 | 47.3 | 35.6 | 46.5 | 43.1 |

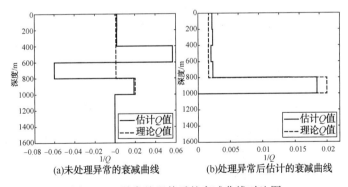

(a)未处理异常的衰减曲线　　　(b)处理异常后估计的衰减曲线

图 3-19　异常处理前后的衰减曲线对比图

3) 估计结果误差分析

由上述算例可看出，估计结果总是存在误差，实际应用中若误差在 10% 以内则认为误差在合理范围内。为了分析误差来源，我们设计了一个水平层状单层模型，理论 $Q$ 值是 75，合成记录如图 3-20 所示。将相邻两层直接估计 $Q$ 值的计算公式重复如下：

$$Q_j = \frac{\delta^2 \kappa(\eta) \Delta t_j}{4\pi [f_p(t_{j-1}) - f_p(t_j)]} \qquad (3-36)$$

式中，与子波参数有关的量为能量衰减因子 $\delta$ 和子波参数的函数 $k(\eta)$，与观测值有关的量为包络峰值瞬时频率 $f_p(t_j)$ 和走时 $\Delta t_j$。首先，分析子波参数对估计精度的影响。$\delta$ 的理论值是 107.0663，估计值是 107.1709，误差为 0.09%；$k(\eta)$ 的理论值为 0.9841，估计值为 0.9763，误差为 0.79%。用估计的子波参数计算 $Q$ 值，结果是 80.473920，误差为 7.29%；若采用理论的子波参数及精确的反射层位置计算 $Q$ 值，结果是 79.58971，误差是 6.11%，误差依然比较大，可见该误差并非来源于子波参数的影响。而子波的理论主频为 50Hz，估计的主频是 48.14Hz，误差为 3.7%，可见估计的频率对估计精度的影响较大，而线性拟合也存在误差，得到的零偏移距处的 EPIF 误差较大，故影响衰减估计精度的因素主要是观测值。因此，研究更稳定、精确的包络峰值瞬时频率计算方法及更好的线性拟合策略是提高估计精度的关键。

4) 基于倾斜层状介质的合成叠前 CMP 资料

为了验证 EPIFVO 方法在倾斜层状介质中的适用性，我们用射线追踪法合成基于单个倾斜层状介质的叠前 CMP 资料，如图 3-21(a) 所示，倾斜角度为 3°，理论 $Q$ 值为 75。如图 3-21(b) 所示，估计的 $Q$ 值为 79.7872，误差在合理的范围内，验证了该方法在倾斜介质中的有效性。

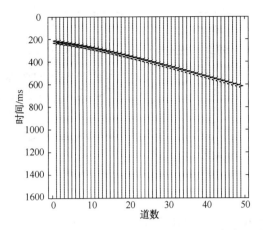

图3-20　用于误差测试单层水平层状介质合成记录

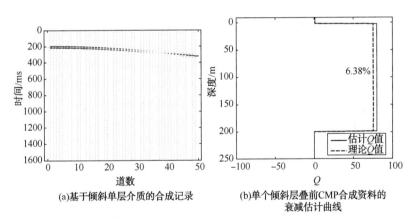

(a)基于倾斜单层介质的合成记录　　(b)单个倾斜层叠前CMP合成资料的衰减估计曲线

图3-21　基于倾斜单层介质的合成记录及估计的衰减曲线

5）实际资料算例

我们将 EPIFVO 方法用于长庆油田某叠前 CMP 资料。图 3-22(a) 为由叠前 CMP 资料叠加得到的叠后数据，图 3-22(b) 为叠前CMP资料，截取其中的49道，其目的层大致在 1950～2150ms，2090～2130ms 是煤层，其附近可能有油气。

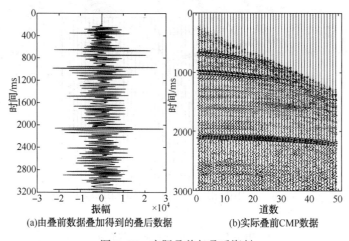

(a)由叠前数据叠加得到的叠后数据　　(b)实际叠前CMP数据

图3-22　实际叠前与叠后资料

图3-23(a)为叠前 CMP 资料的瞬时振幅(IA)剖面，图3-23(b)为叠前资料的瞬时频率(IF)剖面；从 IA 及 IF 剖面上拾取的 EPIF 的位置随偏移距的曲线如图3-24所示；初始的 EPIF 幅值随偏移距的曲线如图3-25(a)所示，每条曲线均有毛刺，必须经过人机交互进行滤波后才能用于 Q 值估计，人机交互后 EPIF 的幅值随偏移距的曲线如图3-25(b)所示，不同的曲线代表不同的同相轴，共 34 个同相轴。

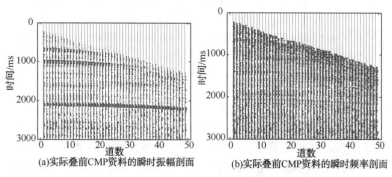

(a)实际叠前CMP资料的瞬时振幅剖面　　(b)实际叠前CMP资料的瞬时频率剖面

图3-23　实际叠前 CMP 资料的瞬时振幅剖面和瞬时频率剖面

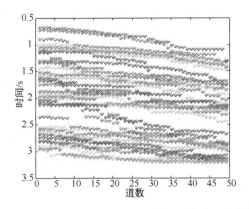

图 3-24 所有同相轴的 EPIF 的位置沿偏移距的曲线

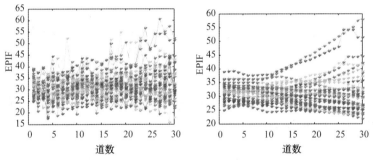

(a)所有同相轴的EPIF沿偏移距的曲线 (b)所有同相轴的EPIF经滤波后沿偏移距的曲线

图 3-25 人机交互前后所有同相轴的 EPIF 沿偏移距的曲线

图 3-26(a)为叠前 CMP 资料估计的衰减曲线，图 3-26(b)为叠后零偏数据估计的衰减曲线，可以看出两者在目标层附近均有大的衰减。由叠前数据估计的衰减曲线看出，煤层处有衰减，且在煤层上方有较大的衰减，指示煤层附近可能有储层，而叠后数据估计的衰减曲线上指示煤层处有衰减，而在煤层附近衰减很小，无法做出附近含有油气的判断。这是因为 EPIFVO 方法中，可以用斜率的正负指示异常值并进行修正，而直接从叠后数据中

估计衰减时，非目标层的频率异常变化可能干扰目标层的衰减估计。

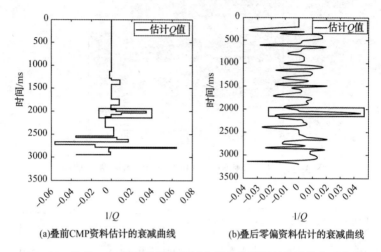

(a)叠前CMP资料估计的衰减曲线　　　　(b)叠后零偏资料估计的衰减曲线

图 3-26　叠前 CMP 资料估计的衰减曲线和叠后资料估计的衰减曲线

## 3.3　基于叠前 CMP 资料的包络峰值瞬时频率匹配法衰减估计技术

### 3.3.1　包络峰值瞬时频率匹配法(EPIFM)原理

Mathneey 和 Nowack 提出了瞬时频率匹配法，并估计了地壳绕射地震资料的衰减；Dasios 等用瞬时频率匹配法估计了全波列声波测井记录的衰减。如前文所述，EPIFVO 是基于稳定点估计的方法，EPIF 相较其他方式定义的频率来说误差较小。我们借鉴 Mathneey 和 Nowack 的研究，提出一种利用包络峰值瞬时频率匹配法(EPIFM)估计叠前 CMP 资料 $Q$ 值的方法，通过构造目标函数求取 $Q$ 值。与 EPIFVO 方法不同的是，EPIFVO 方法是一种直接估计方法，而 EPIFM 方法是反演类方法，二者的相同点是，都利用 EPIF 信息且都应用于叠前 CMP 数据。

EPIFM 方法的基本思想是利用观测信号的 EPIF 与正演计算的 EPIF 的误差来构造目标函数，进而通过反演方法计算各层的 $Q$ 值。本章 3.2 节中介绍了利用有效信号的相关性确定层位并拾取不同偏移距处地震子波的 EPIF 和走时的方法，本节介绍另一种简化的层位拾取方法，该方法利用平均速度拾取层位。值得注意的是，该简化的层位拾取方法适用于地层较少的水平层状介质情况，此时时距曲线为双曲线，而利用相关性拾取层位的方法无须满足时距曲线为双曲线这一前提条件。

下面具体介绍观测值的拾取方法。在小偏移距小排列时地震波的传播路径可近似为路程最短传播路径，如图 3-27 所示，根据图中所示的几何关系，式成立：

$$(2d_{offset})^2 + (t_0 \times v_{av})^2 = (t_\tau \times v_{av})^2$$

$$v_{av}{}^2 = \frac{(2d_{offset})^2}{t_\tau{}^2 - t_0{}^2} \qquad (3-37)$$

式中，$d_{offset}$ 为半偏移距，$t_0 = 2h_0/v_{av}$ 为中心点处垂直入射垂直反射的双程走时，$h_0$ 为地层厚度，$t_\tau$ 为拾取的子波双程走时，$v_{av}$ 是平均速度。由图 3-37 可知，我们将多层介质看作单层介质，因此由式（3-27）求出的是各层的平均速度。对于零偏道来说，用式（3-38）可将平均速度转换为层间速度：

$$v(j) = \frac{t_0(j)v_{av}(j) - t_0(j-1)v_{av}(j-1)}{t_0(j) - t_0(j-1)} \qquad (3-38)$$

式中，$t_0(j)$ 为地表中点到第 $j$ 层的垂直走时，$v_{av}(j)$ 为前 $j$ 层的平均速度。

可见，根据平均速度可以求取层间速度，零偏移距地震道的走时可从先验的层位资料或叠后资料中拾取。

计算出速度后，进而可设计窗的轨迹以拾取 EPIF。水平层状均匀介质中，其走时 $t_\tau$ 与偏移距 $d$ 的时距曲线方程为双曲线方程，$t_\tau^2 = t_0^2 + d^2/v_{av}^2$。计算地震记录的瞬时振幅（IA）剖面及瞬时频率(IF)剖面，选择余弦滚降窗作为窗函数，根据先验的层位信息确定该窗的中心点及窗长，将其沿 IA 剖面上的偏移距轴以双曲线轨迹滑动，截取不同偏移距处的地震记录并拾取 IF 剖面上对应位置的瞬时频率(即 EPIF)，由此构造一个 EPIF 观测值矩阵，行数为同相轴个数，列数为道数。图 3-28 为余弦滚降窗截取地震记录示意图，窗的中心点位置即对应地震记录瞬时振幅包络峰值的位置，在一个窗函数长度内，至少应该包含一个完整的地震子波。由于地震波在传播过程中波形展宽，故窗长应根据实际情况适当拓宽。

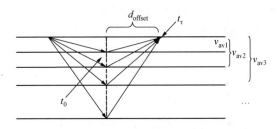

图 3-27　地震波最短路程传播示意图

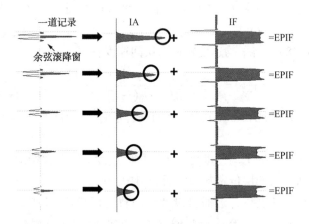

图 3-28　窗函数选取及 EPIF 拾取示意图

62

得到观测值矩阵后，我们需要正演记录然后从合成数据中求取计算值矩阵。基于单程波理论，若忽略速度频散，即 $c(\omega)=c$，地震子波传播距离 $\Delta z$ 后的频谱为：

$$S(\omega,\ \Delta z)=GS(\omega,\ 0)\exp\left[-\frac{i\omega\Delta z}{c(\omega)}-\frac{\omega\Delta z}{2Qc(\omega)}\right] \quad (3\text{-}39)$$

即检波器接收到的子波的频谱为震源子波的频谱与衰减因子的乘积，由式（3-39）可知第一层介质中其振幅衰减因子为：

$$H(f)=\exp\left(-\frac{\pi f\Delta z_1}{v_{av}(1)\hat{Q}}\right) \quad (3\text{-}40)$$

式中，$\hat{Q}$ 是待估计的 $Q$ 值，$v_{av}(1)$ 为第一层的平均速度。

对于 $N$ 层介质，其振幅衰减因子为：

$$H(f)=\exp\left(\frac{\pi f z_N}{v_{av}(N)\hat{Q}_{av}}\right) \quad (3\text{-}41)$$

式中，$\dfrac{\pi f z_N}{v_{av}(N)\hat{Q}_{av}}=\sum\limits_{j=1}^{N-1}\dfrac{\pi f\Delta z_j}{v(j)Q_j}+\dfrac{\pi f\Delta z_N}{v(N)\hat{Q}_N}$，$Q_j$ 是第 $j$ 层的层间 $Q$ 值，

$v(j)$ 是第 $j$ 层的层间速度，$\hat{Q}_N$ 是第 $N$ 层待估计的 $Q$ 值，$\hat{Q}_{av}$ 为平均 $Q$ 值，由式（3-41）可知平均 $Q$ 值与层间 $Q$ 值的关系为：

$$\frac{t_0(j)}{\hat{Q}_{av}}=\sum_{j=1}^{N-1}\frac{\Delta t_j}{Q_j}+\frac{\Delta t_N}{\hat{Q}_N} \quad (3\text{-}42)$$

式中，$\Delta t_j$ 为零偏移距处的层间走时。

首先给定初始层间 $Q$ 值，根据式（3-42）求取地层的平均 $Q$ 值，然后根据式（3-29）正演合成记录，并求取合成记录的 EPIF，可见，EPIF 是待估层间 $Q$ 值的函数。我们定义目标函数为观测信号的 EPIF 与正演记录的 EPIF 之间的误差能量，当误差能量最小时的 $Q$ 值即为所求。一个同向轴的不同偏移距处可拾取到一组观测信号的 EPIF 值，该序列的元素个数为总道数，因此观测信号与正演信号的误差能量也是一个序列。我们定义目标函数为该误差能量序列的所有元素的平均：

$$E = e^T e = \frac{1}{N} \min_{Q} \sum_{j=1}^{N} \left( f_{o,j} - f_{c,j} \right)^2 \qquad (3-43)$$

式中，$f_{o,j}$ 为第 $j$ 道观测信号的 EPIF，$f_{c,j}$ 为第 $j$ 道正演信号的 EPIF，$N$ 为道数。该目标函数是一个同相轴各个偏移距处误差能量的均值，利用了所有道的数据信息，因此用 EPIFM 法估计叠前 CMP 资料的吸收衰减较稳定。

$Q$ 值估计即是求式（3-43）的最优解，求解这类优化问题的方法有牛顿法、最速下降法、递推算法、随机逼近算法、模拟退火法、共轭梯度法等，本节采用随机逼近法。给定待估参数的初始值 $\hat{Q}(0)$，按下式对 $\hat{Q}$ 进行调整：

$$Q_{k+1} = Q_k - \alpha(k) \frac{\mathrm{d}E}{\mathrm{d}Q} \big|_{\hat{Q}} \qquad (3-44)$$

式中，$k$ 为迭代次数，$\alpha(k)$ 为收敛因子，即第 $(k+1)$ 次迭代的误差值修正是在第 $k$ 次迭代的基础上沿着一阶梯度的负方向修正的，选择合适的步长参数 $\alpha$ 可保证目标函数收敛到最小值。

EPIFM 方法的实现步骤总结如下：

（1）从叠前 CMP 资料的近偏移距中提取震源子波及子波参数。

（2）确定层位，同时求出平均速度和层间速度。

（3）计算叠前 CMP 资料的瞬时振幅 IA 和瞬时频率 IF，在 IF 上拾取对应于 IA 峰值位置处的 EPIF。

（4）用滑动窗沿层位截取各同向轴所有偏移距处的子波，从 EPIF 剖面上拾取对应位置处的值，该 EPIF 即观测值，它是一个行数为同向轴数、列数为总道数的矩阵。

（5）每个同向轴循环。给定 $Q$ 的初值，正演计算地震子波传播到不同偏移距处的记录，计算该正演记录的 EPIF，用式（3-44）迭代求取待估参数，当误差满足所需精度时，退出循环。

### 3.3.2　算例分析

我们用合成叠前 CMP 数据检验 EPIFM 方法的有效性。图 3-29(a) 为三层模型的观测系统，震源采用 50Hz 的常相位子波，共 49 道，相邻检波器的间距为 10m，最小炮检距是 200m，采样率为 1ms，基于该模型的合成叠前 CMP 数据如图 3-29(b) 所示。EPIFM 法估计的 $Q$ 值曲线如图 3-30(a) 所示，其中虚线是理论值，实线是估计的 $Q$ 值，由图可看出，估计误差由第一层的 7% 增加到第三层的 15% 左右，估计误差有累积效应，深层 $Q$ 值估计不准确，这是因为计算当前层的 $Q$ 值时需要利用其上各层的 $Q$ 值，故误差有累积效应。图 3-30(b) 为误差能量曲线，误差能量迅速收敛，表明 EPIFM 方法具有较好的收敛性。

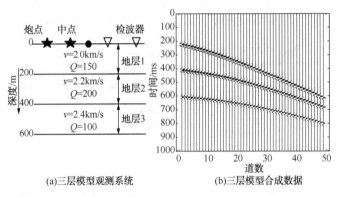

(a)三层模型观测系统　　　(b)三层模型合成数据

图 3-29　叠前 CMP 资料三层模型观测系统及合成数据

如实现步骤中所述，正演中的震源子波参数从实际资料中估计。为了分析误差来源，我们在正演中使用震源子波的理论参数 $\sigma$ 和 $\delta$，以验证子波参数的精度对 $Q$ 值估计精度的影响。图 3-31(a) 为五层模型的观测系统，合成叠前 CMP 数据如图 3-31(b) 所示。估计的 $Q$ 值如图 3-32 所示，由图可知，估计误差相较图 3-30(a) 来说减小很多，当然误差累积效应依然存在，从图 3-32 可以看出，最后一层的估计误差明显大于其上各层的估计误差。可见，该反演方法中估计精度与子波参数有关，如果震源子波参数估计准确，则可提高 $Q$ 值估计的精度，且可适用于多层介质的情况。

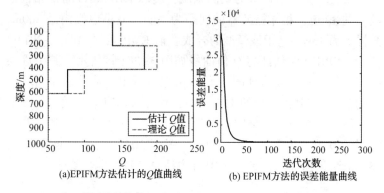

(a)EPIFM方法估计的$Q$值曲线    (b) EPIFM方法的误差能量曲线

图 3-30　EPIFM 方法估计的 $Q$ 值曲线及误差能量

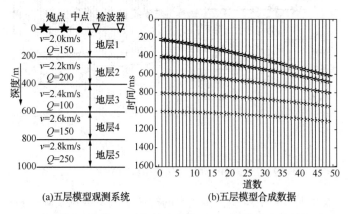

(a)五层模型观测系统    (b)五层模型合成数据

图 3-31　叠前 CMP 资料五层模型观测系统及合成数据

## 3.4　小结

本章提出了适合常相位子波的直接估计类 EPIFVO(子波包络峰值处瞬时频率随偏移距变化)方法和反演估计类 EPIFM(包

络峰值瞬时频率匹配)方法,用于叠前 CMP 资料介质品质因子 $Q$ 值的估计。

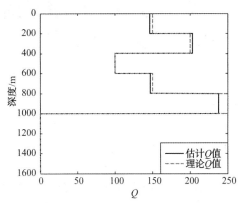

图 3-32 震源精确情况下 EPIFM 方法估计的 $Q$ 值曲线

EPIFVO 方法中同时提出一种利用有效信号的相关性估计层位信息的方法。本章通过射线法正演生成叠前 CMP 数据,分别采用逐层递推方式与相邻两层直接求取方式用 WEPIF 法估计了 $Q$ 值,结果表明,逐层递推方式的误差累积效应更明显;并用斜率法估计了衰减;分析了误差产生的原因;还讨论了斜率对同相轴调谐的判断作用;通过模型和实际资料算例表明,叠前 CMP 资料由于不受叠加效应及 NMO 拉伸效应等的影响,估计 $Q$ 值更精确,更有利于储层含气性预测。

EPIFM 方法用包络峰值瞬时频率的误差能量构造目标函数,给出了操作流程,讨论了震源子波参数对估计精度的影响,通过合成数据验证了方法的有效性。本章提出的方法基于稳定点估计,计算结果稳定、误差较小,适用于水平层状介质,是储层预测的有力工具。

# 第4章 基于零偏 VSP 资料的 $Q$ 值和速度波形反演方法

## 4.1 引言

地震波在地下介质中传播时，由于受到几何扩散、反射/透射损耗以及介质黏弹性等因素的影响，会发生散射和衰减。由介质黏弹性引起的衰减称为固有衰减，用介质品质因子 $Q$ 表示。衰减对地震波的振幅、相位及频率等均有影响，它使得子波波形展宽、分辨率降低。$Q$ 值能提供岩性、流体饱和度、渗透率等地下介质信息，是储层刻画及烃类检测的有力工具。速度也是地球物理勘探中最重要的地质参数之一，它是决定地震偏移成像精度的最主要参数之一，另外估计 $Q$ 值也需要已知准确的速度。因此，快速、准确地反演 $Q$ 值和速度具有重要的现实意义。

目前，学者们研究了多种估计 $Q$ 值的方法。时间域方法有脉冲幅值衰减法、脉冲上升时间法、解析信号法等。这些方法均利用子波的振幅信息，而实际资料的振幅易受到散射及几何扩散等因素的影响。频率域方法有对数谱比法（LSR）、谱匹配法、中心频率偏移法、峰值频率移动法等。这些方法需要加窗截取地震子波，而选择合适的窗函数和窗长是比较困难的。时频域方法有瞬时频率匹配法、子波包络峰值瞬时频率法（WEPIF）等。这些方法对窗函数相对不敏感，但是易受到随机噪声等的影响。还有多种反演类方法，如局部优化类波形反演算法（如高斯-牛顿法、最小二乘法等）、全局优化类波形反演算法（如模拟退火法、差分进化算法、协同差分进化算法等）及层析成像方法等。反演类方法计算精度高，但是运算量大。

68

相对于反射地震资料，垂直地震剖面资料（VSP）有明显的运动学和动力学特征，信噪比和分辨率高，能直接记录与地层界面有关的波形。VSP 资料可以为地震数据和高分辨测井数据的联合解释提供更多的信息。Stewart 提出在频率域使用 VSP 资料相邻四道的上行波和下行波反演速度和 $Q$ 值的全波形反演方法。Amundsen 和 Mittet 在频率域使用直达下行波和一次反射波反演了相速度和 $Q$ 值。该方法考虑了频率随反射系数及透射系数的变化，但该方法需要介质的界面位置和密度信息。Rickett 提出用谱比法反演多道记录 $Q$ 值的方法。高静怀和汪超等提出自适应波形反演方法，并应用于零偏 VSP 资料。该方法利用的是零偏 VSP 资料的直达下行波，然而实际资料中，经过上、下行波分离后得到的直达下行波常常在界面处受到上行波的干扰，导致界面处估计精度不高。

由于一次反射上行波的能量比多次反射波强得多，因此我们基于单程平面波传播理论，研究了适用于零偏 VSP 资料的直达下行波和一次反射上行波的 $Q$ 值与速度估计方法，给出了 Jacobi 矩阵的解析表达式以加快计算速度，推导了基于传输矩阵的正演方法，同时讨论了最优初值的选取方法。该方法不需要任何先验层位信息，而且可以压制界面上反射波的干扰。将该反演方法用于合成数据和实际资料，实验结果验证了该方法的有效性。

## 4.2　波形反演方法原理

### 4.2.1　含直达下行波和一次反射波的零偏 VSP 资料正演方法

众所周知，正演模拟是反演问题中最重要的步骤。本章改进了 Ganley 提出的正演方法，推导出不含多次波分量的正演方程组，正演合成数据的同时计算 Fréchet 导数，且给出正演模拟的流程。图4-1为地下介质中界面上及地层顶部与底部之间的上、下行波示意图。$D'_k(\omega)$ 和 $D_k(\omega)$ 分别是第 $k$ 层底部和顶部的下行波频谱，类似的，$U'_k(\omega)$ 和 $U_k(\omega)$ 对应于第 $k$ 层底部和顶部的上行波频谱，$T_k$ 和 $T'_k$ 分别是下行波和上行波的透射系数，$R_k$ 是下行波在第 $k$ 层界面底部向上反射的反射系数，从顶层向下反射的系数为 $R'_k$。根据图 4-1，我们可以得到式(4-1)：

$$U'_k = R_k D'_k + T'_k U_{k+1}$$
$$D_{k+1} = T_k D'_k \tag{4-1}$$

式中，$R_k$ 和 $T_k$ 的表达式为：

$$R_k(\omega) = \frac{\rho_k V_k(\omega) - \rho_{k+1} V_{k+1}(\omega)}{\rho_k V_k(\omega) + \rho_{k+1} V_{k+1}(\omega)}$$

$$T_k(\omega) = \frac{2\rho_k V_k(\omega)}{\rho_k V_k(\omega) + \rho_{k+1} V_{k+1}(\omega)} \tag{4-2}$$

式中，$\rho_k$ 是介质密度，$V_k$ 是复速度，其定义为：

$$V_k(\omega) = V_R(\omega)\left[1 + i\frac{\mathrm{sgn}(\omega)}{2Q'_k(\omega)}\right] \tag{4-3}$$

式中，$V_R(\omega) = \dfrac{c(\omega)}{2}\left[1 + \left(1 + \dfrac{1}{Q^2(\omega)}\right)^{-1/2}\right]$ 为复速度的实部。

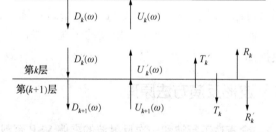

图 4-1  界面处和层间上行波及下行波示意图

下面推导层状黏弹介质中不含多次波的传输矩阵方程。地震波在黏弹介质中传播时，由于黏弹性的影响使得子波的振幅衰减、主频降低且波形展宽，这种衰减作用可用指数衰减项表征。第 $k$ 层介质中顶部和底部的四个子波频谱可建立如下关系：

$$D_k(\omega) = D'_k(\omega)\,\mathrm{e}^{\alpha\Delta z_k + i\omega\Delta z_k / c_k}$$
$$U_k(\omega) = U'_k(\omega)\,\mathrm{e}^{-\alpha\Delta z_k - i\omega\Delta z_k / c_k} \tag{4-4}$$

式中，$\Delta z_k$ 为层间厚度，$c_k$ 为层间速度，$\alpha = \omega / 2c_k Q_k$ 为衰减因子，$\omega$ 为角频率。由式(4-1)式(4-4)，可以得到：

$$\begin{bmatrix} D_k \\ U_k \end{bmatrix} = \frac{1}{T_k}\begin{bmatrix} \mathrm{e}^{\alpha\Delta z_k + i\omega\Delta z_k / c_k} & 0 \\ R_k\mathrm{e}^{-\alpha\Delta z_k - i\omega\Delta z_k / c_k} & (1-R_k^2)\,\mathrm{e}^{-\alpha\Delta z_k - i\omega\Delta z_k / c_k} \end{bmatrix}\begin{bmatrix} D_{k+1} \\ U_{k+1} \end{bmatrix} \tag{4-5}$$

基于位移连续性，下面的公式成立：

$$1 + R_k = T_k,\quad 1 + R'_k = T'_k,\quad R_k = -R'_k \tag{4-6}$$

将式(4-6)代入式(4-5)可得：

$$\begin{bmatrix} D_k \\ U_k \end{bmatrix} = A_k\begin{bmatrix} D_{k+1} \\ U_{k+1} \end{bmatrix} \tag{4-7}$$

式中，$A_k$ 是传输矩阵，

$$A_k = \begin{bmatrix} \mathrm{e}^{\alpha\Delta z_k + i\omega\Delta z_k / c_k} & 0 \\ (1-1/T_k)\,\mathrm{e}^{-\alpha\Delta z_k - i\omega\Delta z_k / c_k} & (2-T_k)\,\mathrm{e}^{-\alpha\Delta z_k - i\omega\Delta z_k / c_k} \end{bmatrix}$$

对于 $N$ 层介质，通过迭代运用公式(4-7)，可用传输矩阵建立第一层与最后一层介质波场的如下关系：

$$\begin{bmatrix} D_1 \\ U_1 \end{bmatrix} = A_1 A_2 \cdots A_N\begin{bmatrix} D_{N+1} \\ U_{N+1} \end{bmatrix} \tag{4-8}$$

### 4.2.2　目标函数构造及反问题求解

本章采用高斯-牛顿法从零偏 VSP 资料中反演品质因子 $Q$ 和速度。目标函数定义为：

$$E(\boldsymbol{m}) = \|\boldsymbol{d}_o - \boldsymbol{d}_c\|^2 = \sum_{l=1}^{N \times M} |d_o(l) - d_c(l;\ \boldsymbol{m})|^2 \tag{4-9}$$

式中，$\boldsymbol{d}_o$ 是观测数据，$\boldsymbol{d}_c$ 是基于模型空间参数 $\boldsymbol{m}$ 得到的计算数据，$N$ 是总道数，$M$ 是采样点数。模型参数 $\boldsymbol{m}$ 定义为：

$$\boldsymbol{m} = (Q_1^{-1},\ Q_2^{-1},\ \cdots,\ Q_N^{-1},\ c_1^{-1},\ c_2^{-1},\ \cdots,\ c_N^{-1})^T \tag{4-10}$$

式中，$Q$ 是待估计的品质因子，$c$ 是待估计的地层速度，$\boldsymbol{m}$ 是 $2N$ 维列向量。接收到的二维 VSP 数据是一个矩阵，横坐标为道数，纵坐标为采样点数，我们将矩阵排列的观测数据按列方向重新排列为一个序列：

$$\boldsymbol{d}_\text{o} = \begin{pmatrix} d_{11}, & d_{2\,1}, & \cdots, & d_{M\,1}, & d_{12}, & d_{22}, & \cdots, & d_{M2}, & \cdots, \\ d_{1N}, & d_{2N}, & \cdots, & d_{MN} \end{pmatrix}^\text{T} \quad (4\text{-}11)$$

式中，$d_{ij}$ 为采样点。该序列长度为 $N \times M$，因此式(4-9)所示的目标函数中求和范围为 1 到 $N \times M$。

计算数据 $\boldsymbol{d}_\text{c}$ 是 $Q$ 和速度的函数：

$$\boldsymbol{d}_\text{c}(\boldsymbol{x}_\text{s},\ \boldsymbol{x}_\text{r},\ t;\ \boldsymbol{Q},\ \boldsymbol{c}) = F(\boldsymbol{m}) \quad (4\text{-}12)$$

式中，$F$ 是非线性运算因子，$(\boldsymbol{x}_\text{s},\ \boldsymbol{x}_\text{r})$ 是空间变量，表示空间采样点，$t$ 是时间变量，$\boldsymbol{Q}$ 和 $\boldsymbol{c}$ 是待估计的模型参数变量。

利用泰勒-拉格朗日方法将目标函数在初值附近展开为：

$$E(\boldsymbol{m}) = E(\boldsymbol{m}_0) + \frac{\partial E(\boldsymbol{m}_0)}{\partial \boldsymbol{m}} \Delta \boldsymbol{m} + \frac{1}{2} \Delta \boldsymbol{m}^T H \Delta \boldsymbol{m} + O(\boldsymbol{m}^3) \quad (4\text{-}13)$$

式中，$\boldsymbol{m}_0$ 是模型参数的初值。忽略高阶项后，对只保留线性项的 $E(\boldsymbol{m})$ 求导可得：

$$\frac{\partial E(\boldsymbol{m})}{\partial \boldsymbol{m}} = \frac{\partial E(\boldsymbol{m}_0)}{\partial \boldsymbol{m}} + \frac{\partial^2 E(\boldsymbol{m}_0)}{\partial \boldsymbol{m}^2} \Delta \boldsymbol{m} \quad (4\text{-}14)$$

令方程(4-14)左端为零，即导数斜率为零，可以得到模型参数的扰动 $\Delta \boldsymbol{m}$：

$$\Delta \boldsymbol{m} = -H_\text{a}^{-1} \boldsymbol{G} \quad (4\text{-}15)$$

式中，

$$\boldsymbol{G} = \frac{\partial E(\boldsymbol{m}_0)}{\partial \boldsymbol{m}} = \left[ \frac{\partial E(\boldsymbol{m}_0)}{\partial m_1} \cdots \frac{\partial E(\boldsymbol{m}_0)}{\partial m_{2N}} \right]^\text{T} \quad (4\text{-}16)$$

$$H_\text{a} = \frac{\partial^2 E(\boldsymbol{m}_0)}{\partial \boldsymbol{m}^2} = \begin{bmatrix} \dfrac{\partial^2 E(\boldsymbol{m}_0)}{\partial m_1 \partial m_1} & \dfrac{\partial^2 E(\boldsymbol{m}_0)}{\partial m_1 \partial m_2} & \cdots & \dfrac{\partial^2 E(\boldsymbol{m}_0)}{\partial m_1 \partial m_{2N}} \\ \vdots & \vdots & \ddots & \vdots \\ \dfrac{\partial^2 E(\boldsymbol{m}_0)}{\partial m_{2N} \partial m_1} & \dfrac{\partial^2 E(\boldsymbol{m}_0)}{\partial m_{2N} \partial m_1} & \cdots & \dfrac{\partial^2 E(\boldsymbol{m}_0)}{\partial m_{2N} \partial m_{2N}} \end{bmatrix} \quad (4\text{-}17)$$

$G$ 是初始模型参数附近的梯度矢量，$H_a$ 是近似海森矩阵。$G$ 和 $H_a$ 根据式（4-18）计算：

$$H_a = R[J^H J]$$
$$G = R[J^H \Delta d] \tag{4-18}$$

式中，$\Delta d$ 是误差矢量，$\Delta d = d_o - d_c$，$J$ 是 Jacobi 矩阵：

$$J = \begin{bmatrix} \dfrac{\partial d_c(t_1)}{\partial m_1} & \dfrac{\partial d_c(t_1)}{\partial m_2} & \cdots & \dfrac{\partial d_c(t_1)}{\partial m_{2N}} \\ \vdots & \vdots & & \vdots \\ \dfrac{\partial d_c(t_M)}{\partial m_1} & \dfrac{\partial d_c(t_M)}{\partial m_2} & \cdots & \dfrac{\partial d_c(t_M)}{\partial m_{2N}} \end{bmatrix} \tag{4-19}$$

第 $j$ 次迭代时模型参数的更新公式为：

$$m^{j+1} = m^j - H_a^{-1} G \tag{4-20}$$

反演方法中，雅克比（Jacobi）矩阵给出了最优线性近似，它是正演模型对参数的 Fréchet 导数，在每次迭代的正演后都要重新计算。若能推导出 Fréchet 导数的解析表达式，则可省运算时间，提高效率。

下面推导 Fréchet 导数的解析表达式。地球勘探领域中，一般假设 $Q$ 值不依赖于频率。在方程（4-2）中，透射系数 $T$ 是复速度 $V$ 和密度的函数，而复速度是相速度 $c$ 和品质因子 $Q$ 的函数。为了计算 Fréchet 导数方便，我们需要简化透射系数。将式（4-3）代入式（4-2），可以得到透射系数的表达式，它是衰减系数和慢度的函数：

$$T_k = 2\,\frac{\rho_k V_{R_k} + i\,\dfrac{\rho_k V_{R_k}}{2Q'_k}}{\rho_k V_{R_k} + i\,\dfrac{\rho_k V_{R_k}}{2Q'_k} + \rho_{k+1} V_{R_{k+1}} + i\,\dfrac{\rho_{k+1} V_{R_{k+1}}}{2Q'_{k+1}}}$$

$$= 2\frac{\left(\rho_k V_{R_k}+i\frac{\rho_k V_{R_k}}{2Q'_k}\right)\left[\rho_k V_{R_k}+\rho_{k+1}V_{R_{k+1}}-i\left(\frac{\rho_k V_{R_k}}{2Q'_k}+\frac{\rho_{k+1}V_{R_{k+1}}}{2Q'_{k+1}}\right)\right]}{\left[\rho_k V_{R_k}+\rho_{k+1}V_{R_{k+1}}+i\left(\frac{\rho_k V_{R_k}}{2Q'_k}+\frac{\rho_{k+1}V_{R_k}}{2Q'_{k+1}}\right)\right]}$$

$$=\frac{\begin{array}{c}\left[\rho_k V_{R_k}+\rho_{k+1}V_{R_{k+1}}-i\left(\frac{\rho_k V_{R_k}}{2Q'_k}+\frac{\rho_{k+1}V_{R_{k+1}}}{2Q'_{k+1}}\right)\right]\\\left[\rho_k V_{R_k}(\rho_k V_{R_k}+\rho_{k+1}V_{R_{k+1}})+\frac{\rho_k V_{R_k}}{Q'_k}\left(\frac{\rho_k V_{R_k}}{2Q'_k}+\frac{\rho_{k+1}V_{R_{k+1}}}{2Q'_{k+1}}\right)\right]+\\i\left[\rho_k\rho_{k+1}V_{R_k}V_{R_{k+1}}\left(\frac{1}{Q'_k}-\frac{1}{Q'_{k+1}}\right)\right]\end{array}}{(\rho_k V_{R_k}+\rho_{k+1}V_{R_{k+1}})^2+\left(\frac{\rho_k V_{R_k}}{2Q'_k}+\frac{\rho_{k+1}V_{R_{k+1}}}{2Q'_{k+1}}\right)^2}$$

$$=\frac{\left[(\rho_k V_{R_k})^2\left(2+\frac{1}{2Q'^2_k}\right)+\rho_k\rho_{k+1}V_{R_k}V_{R_{k+1}}\left(2+\frac{1}{2Q'_kQ'_{k+1}}\right)\right]+i\left[\rho_k\rho_{k+1}V_{R_k}V_{R_{k+1}}\left(\frac{1}{Q'_k}-\frac{1}{Q'_{k+1}}\right)\right]}{(\rho_k V_{R_k}+\rho_{k+1}V_{R_{k+1}})^2+\left(\frac{\rho_k V_{R_k}}{2Q'_k}+\frac{\rho_{k+1}V_{R_{k+1}}}{2Q'_{k+1}}\right)^2}$$

$$(4-21)$$

式中，$Q$ 和 $Q'$ 满足下面的关系：

$$\sqrt{Q^2+1}-Q=\frac{1}{2Q'}\qquad(4-22)$$

当 $Q$ 很大时，可得如下近似：

$$Q'\approx Q\qquad(4-23)$$

由式(4-21)可以看出，$T_k$ 是 $V_R$ 和 $Q$ 值的函数，而 $V_R$ 是 $Q$ 值和速度的函数，为后续推导 $T_k$ 对参数的偏导数方便，我们首先简化 $V_R$。地震勘探中，含气储层的 $Q$ 值范围为 5~50，沉积岩的

$Q$ 值范围为 20 ~ 150，火山岩的 $Q$ 值范围为 75 ~ 150。因此，$Q \gg 1$这个假设在地震勘探领域是成立的。基于这个假设，可以得到$1/Q^2 \ll 1$。因此，复速度的实部可以简化为：

$$V_R = \frac{c}{2}\left[1 + \left(1 + \frac{1}{Q^2}\right)^{-1/2}\right] \approx \frac{c}{2}\left(1 + 1 - \frac{1}{2}\frac{1}{Q^2}\right) = c\left(1 - \frac{1}{4}\frac{1}{Q^2}\right) \quad (4-24)$$

第 $k$ 层介质中 $V_R$ 的倒数用 $n_k$ 表示，即：

$$n_k = \frac{1}{c_k\left(1 - \frac{1}{4}\frac{1}{Q_k^{~2}}\right)} \quad (4-25)$$

式(4-21)的分子、分母同时除以$(V_{R_k} V_{R_{k+1}})^2$，可得：

$$T_k = \frac{\left[(\rho_k n_{k+1})^2\left(2 + \frac{1}{2Q_k^2}\right) + \rho_k \rho_{k+1} n_k n_{k+1}\left(2 + \frac{1}{2Q_k Q_{k+1}}\right)\right] + i\left[\rho_k \rho_{k+1} n_k n_{k+1}\left(\frac{1}{Q_k} - \frac{1}{Q_{k+1}}\right)\right]}{[\rho_k n_{k+1} + \rho_{k+1} n_k]^2 + \left[\frac{\rho_k n_{k+1}}{2Q_k} + \frac{\rho_{k+1} n_k}{2Q_{k+1}}\right]^2} \quad (4-26)$$

为了方便，我们定义：$m_{2k} = 1/Q_k$，$m_{3k} = 1/c_k$，$m_{2k}$ 为衰减系数，$m_{3k}$ 为慢度，下标 $k$ 表示第 $k$ 层。变量替换后，公式(4-25)和公式(4-26)变为：

$$n_k = m_{3k}\Big/\left(1 - \frac{1}{4}m_{2k}^2\right) \quad (4-27)$$

$$T_k = \frac{\rho_k^2 (n_{k+1})^2\left(2 + \frac{1}{2}m_{2k}^2\right) + \rho_k \rho_{k+1} n_k n_{k+1}\left(2 + \frac{1}{2}m_{2k}m_{2,k+1}\right) + i\rho_k \rho_{k+1} n_k n_{k+1}(m_{2k} - m_{2,k+1})}{(\rho_k n_{k+1} + \rho_{k+1} n_k)^2 + \left(\frac{1}{2}\rho_k n_{k+1} m_{2k} + \frac{1}{2}\rho_{k+1} n_k m_{2,k+1}\right)^2} \quad (4-28)$$

式(4-27)和式(4-28)表明 $T_k$ 是第 $k$ 层及第 $(k+1)$ 层介质的衰减系数和慢度的函数，$n_k$ 是 $m_{2k}$ 和 $m_{3k}$ 的函数。分别计算 $n_k$ 对参数的偏导数：

$$dvm_{2k} = \frac{\partial n_k}{\partial m_{2k}} = \frac{1}{2} m_{2k} m_{3k} \left(1 - \frac{1}{4} m_{2k}^2\right)^{-2}$$

$$dvm_{3k} = \frac{\partial n_k}{\partial m_{3k}} = \left(1 - \frac{1}{4} m_{2k}^2\right)^{-1}$$

$$(4-29)$$

根据方程(4-28)，为了方便表达，我们定义如下变量替换：

$$Rnum = \rho_k^2 \, (m_{3,k+1})^2 \left(2 + \frac{1}{2} m_{2k}^2\right) + \rho_k \rho_{k+1} m_{3k} m_{3,k+1}$$

$$\left(2 + \frac{1}{2} m_{2k} m_{2,k+1}\right)$$

$$(4-30)$$

$$Inum = \rho_k \rho_{k+1} m_{3k} m_{3,k+1} (m_{2k} - m_{2,k+1}) \qquad (4-31)$$

$$Demo = (\rho_k m_{3,k+1} + \rho_{k+1} m_{3k})^2 + \left(\begin{array}{c} \frac{1}{2} \rho_k m_{3,k+1} m_{2k} + \\ \frac{1}{2} \rho_{k+1} m_{3k} m_{2,k+1} \end{array}\right)^2 \qquad (4-32)$$

式中，$Rnum$ 表示分子的实部，$Inum$ 表示分子的虚部，$Demo$ 表示分母。透射系数 $T_k$ 是复数，且是 $m_{2k}$，$m_{2,k+1}$，$m_{3k}$，$m_{3,k+1}$ 的函数，为了推导雅克比矩阵的表达式，我们首先计算 $T_k$ 对模型参数的偏导数：

$$\frac{\partial T_k}{\partial m_{2k}} = Re \frac{\partial T_k}{\partial m_{2k}} + i \cdot Im \frac{\partial T_k}{\partial m_{2k}},$$

$$\frac{\partial T_k}{\partial m_{3k}} = Re \frac{\partial T_k}{\partial m_{3k}} + i \cdot Im \frac{\partial T_k}{\partial m_{3k}}, \qquad (4-33)$$

$$\frac{\partial T_k}{\partial m_{2p}} = 0, \quad \frac{\partial T_k}{\partial m_{3p}} = 0, \quad p \neq k, \quad p \neq k+1$$

式中，$Re \frac{\partial T_k}{\partial (^*)}$ 和 $Im \frac{\partial T_k}{\partial (^*)}$ 分别表示 $T_k$ 对参数的偏导数的实部和虚部，其表达式如下：

$$\rho_k^2\,(m_{3,k+1})^2 m_{2k} + \rho_k \rho_{k+1} m_{3k} m_{3,k+1} \frac{1}{2} m_{2,k+1} +$$

$$Re\,\frac{\partial T_k}{\partial m_{2k}} = \frac{\rho_k \rho_{k+1} m_{3,k+1}\left(2 + \frac{1}{2} m_{2k} m_{2,k+1}\right) dvm_{2k}}{Demo} -$$

$$\frac{Rnum \cdot 2(\rho_k m_{3,k+1} + \rho_{k+1} m_{3k})\rho_{k+1} dvm_{2k}}{Demo^2} +$$

$$\frac{Rnum \cdot \frac{1}{2}(\rho_k m_{3,k+1} m_{2k} + \rho_{k+1} m_{3k} m_{2,k+1})(\rho_k m_{3,k+1} + \rho_{k+1} m_{2,k+1} dvm_{2k})}{Demo^2}$$

$$(4-34)$$

$$Im\,\frac{\partial T_k}{\partial m_{2k}} = \frac{\rho_k \rho_{k+1} m_{3k} m_{3,k+1} + \rho_k \rho_{k+1} m_{3,k+1}(m_{2k} - m_{2,k+1}) dvm_{2k}}{Demo} -$$

$$\frac{Inum \cdot 2(\rho_k m_{3,k+1} + \rho_{k+1} m_{3k})\rho_{k+1} dvm_{2k}}{Demo^2} +$$

$$\frac{Inum \cdot \frac{1}{2}(\rho_k m_{3,k+1} m_{2k} + \rho_{k+1} m_{3k} m_{2,k+1})(\rho_k m_{3,k+1} + \rho_{k+1} m_{2,k+1} dvm_{2k})}{Demo^2}$$

$$(4-35)$$

$$Re\,\frac{\partial T_k}{\partial m_{2,k+1}} = \frac{2\rho_k^2 m_{3,k+1}\left(2 + \frac{1}{2} m_{2k}^2\right) dvm_{2,k+1} + \rho_k \rho_{k+1} m_{3k} m_{3,k+1} \frac{1}{2} m_{2k}}{Demo} +$$

$$\frac{\rho_k \rho_{k+1} m_{3k}\left(2 + \frac{1}{2} m_{2k} m_{2,k+1}\right) dvm_{2,k+1}}{Demo} -$$

$$\frac{Rnum \cdot 2(\rho_k m_{3,k+1} + \rho_{k+1} m_{3k})\rho_k dvm_{2,k+1}}{Demo^2} +$$

$$\frac{Rnum \cdot \frac{1}{2}(\rho_k m_{3,k+1} m_{2k} + \rho_{k+1} m_{3k} m_{2,k+1})(\rho_k m_{2k} dvm_{2,k+1} + \rho_{k+1} m_{3k})}{Demo^2}$$

$$(4-36)$$

$$Im\frac{\partial T_k}{\partial m_{2,k+1}} = \frac{\rho_k \rho_{k+1} m_{3k}(m_{2k} - m_{2,k+1}) dvm_{2,k+1} - \rho_k \rho_{k+1} m_{3k} m_{3,k+1}}{Demo} -$$

$$\frac{Inum \cdot 2(\rho_k m_{3,k+1} + \rho_{k+1} m_{3k})\rho_k dvm_{2,k+1}}{Demo^2} +$$

$$\frac{Inum \cdot \frac{1}{2}(\rho_k m_{3,k+1} m_{2k} + \rho_{k+1} m_{3k} m_{2,k+1})(\rho_k m_{2k} dvm_{2,k+1} + \rho_{k+1} m_{3k})}{Demo^2}$$

$$(4-37)$$

$$Re\frac{\partial T_k}{\partial m_{3k}} = \frac{\rho_k \rho_{k+1} m_{3,k+1}\left(2 + \frac{1}{2} m_{2k} m_{2,k+1}\right) dvm_{3k}}{Demo} -$$

$$\frac{Rnum \cdot 2(\rho_k m_{3,k+1} + \rho_{k+1} m_{3k})\rho_{k+1} dvm_{3k}}{Demo^2} +$$

$$\frac{Rnum \cdot \frac{1}{2}(\rho_k m_{3,k+1} m_{2k} + \rho_{k+1} m_{3k} m_{2,k+1})(\rho_{k+1} m_{2,k+1} dvm_{3k})}{Demo^2}$$

$$(4-38)$$

$$Im\frac{\partial T_k}{\partial n_{3k}} = \frac{\rho_k \rho_{k+1} m_{3,k+1}(m_{2k} - m_{2,k+1}) dvm_{3k}}{Demo} -$$

$$\frac{Inum \cdot 2(\rho_k m_{3,k+1} + \rho_{k+1} m_{3k})\rho_{k+1} dvm_{3k}}{Demo^2} +$$

$$\frac{Inum \cdot \frac{1}{2}(\rho_k m_{3,k+1} m_{2k} + \rho_{k+1} m_{3k} m_{2,k+1})(\rho_{k+1} m_{2,k+1} dvm_{3k})}{Demo^2} \quad (4-39)$$

$$Re\,\frac{\partial T_k}{\partial m_{3,k+1}}=\frac{\rho_k^2 m_{3,k+1}\left(4+m_{2k}^2\right)dvm_{3,k+1}+\rho_k\rho_{k+1}m_{3k}\left(2+\dfrac{1}{2}m_{2k}m_{2,k+1}\right)dvm_{3,k+1}}{Demo}-$$

$$Rnum\cdot\frac{\left[\begin{array}{l}2\left(\rho_k m_{3,k+1}+\rho_{k+1}m_{3k}\right)\rho_k dvm_{3,k+1}+\\[2pt]\dfrac{1}{2}\left(\rho_k m_{3,k+1}m_{2k}+\rho_{k+1}m_{3k}m_{2,k+1}\right)\rho_k m_{2k}dvm_{3,k+1}\end{array}\right]}{Demo^2}$$

$$(4-40)$$

$$Im\,\frac{\partial T_k}{\partial m_{3,k+1}}=\frac{\rho_k\rho_{k+1}m_{3k}\left(m_{2k}-m_{2,k+1}\right)dvm_{3,k+1}}{Demo}-$$

$$\frac{Inum\cdot 2\left(\rho_k m_{3,k+1}+\rho_{k+1}m_{3k}\right)\rho_k dvm_{3,k+1}}{Demo^2}+$$

$$\frac{Inum\cdot\dfrac{1}{2}\left(\rho_k m_{3,k+1}m_{2k}+\rho_{k+1}m_{3k}m_{2,k+1}\right)\rho_k m_{2k}dvm_{3,k+1}}{Demo^2}$$

$$(4-41)$$

图4-2是零偏VSP记录的观测系统示意图。将地下介质按相邻检波器的距离划分为不同的地层，因此一道VSP记录即表示一个地层界面上接收的数据。令$Ep=\exp(-\omega m_{2k}m_{3k}\Delta z_k/2-i\omega\Delta z_k m_{3k})$。将第一道的直达下行波作为已知的参考子波并从中提取震源子波，因此该直达下行波不是模型参数的函数。在频率域中，我们逐层计算从第二层到最后一层介质的直达下行波对模型参数的Fréchet导数，然后逐层计算从最后一层到第一层介质的一次反射上行波对模型参数的Fréchet导数。由于直达下行波是从震源出发由检波器接收到的波，因此第$(k+1)$层的下行波是其上各层模型参数的函数，而一次反射上行波是从震源出发经各层界面反射后接收到的波，因此一次反射上行波是地下介质中所有待估参数的函数。由式(4-5)可得直达下

行波的递推公式为：

$$D_{k+1} = T_k \cdot Ep \cdot D_k \qquad (4-42)$$

式中，$Ep$ 是 $m_{2k}$、$m_{3k}$ 的函数，$T_k$ 是 $m_{2k}$、$m_{3k}$、$m_{2,k+1}$、$m_{3,k+1}$ 的函数，$D_k$ 是第 1 层到第 $k$ 层介质中衰减系数和慢度的函数，因此在频率域中第 $(k+1)$ 层的直达下行波对不同地层中衰减系数的偏导数表达式不同，总结如下：

$$\frac{\partial D_{k+1}}{\partial m_{2p}} = T_k \cdot Ep \cdot \frac{\partial D_k}{\partial m_{2p}}, \qquad p = 1, \cdots, k-1$$

$$\frac{\partial D_{k+1}}{\partial m_{2k}} = \frac{\partial T_k}{\partial m_{2k}} \cdot Ep \cdot D_k + D_{k+1} \cdot \left( -\frac{\omega \Delta z_k}{2} m_{3k} \right) + T_k \cdot Ep \cdot \frac{\partial D_k}{\partial m_{2k}}$$

$$\frac{\partial D_{k+1}}{\partial m_{2,k+1}} = \frac{\partial T_k}{\partial m_{2,k+1}} \cdot Ep \cdot D_k$$

$$(4-43)$$

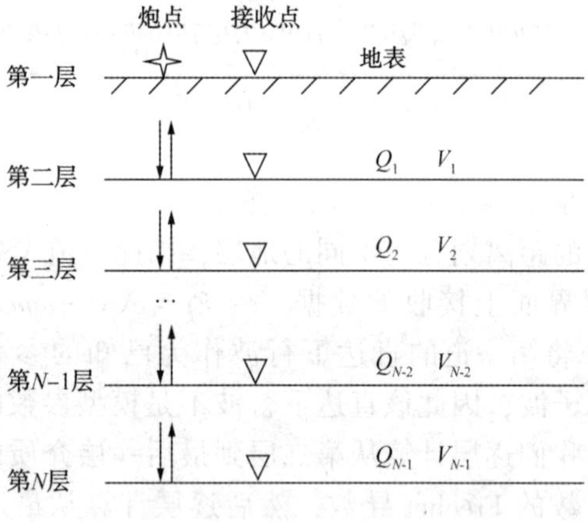

图 4-2 零偏 VSP 模型示意图

而第 $(k+1)$ 层的直达下行波对慢度的偏导数为：

$$\frac{\partial D_{k+1}}{\partial m_{3p}} = T_k \cdot Ep \cdot \frac{\partial D_k}{\partial m_{3p}}, \qquad p = 1, \cdots, k-1$$

$$\frac{\partial D_{k+1}}{\partial m_{3k}} = \frac{\partial T_k}{\partial m_{3k}} \cdot Ep \cdot D_k + D_{k+1} \cdot \left( -\frac{\omega \Delta z_k}{2} m_{2k} - i\omega \Delta z_k \right) +$$

$$T_k \cdot Ep \cdot \frac{\partial D_k}{\partial m_{3k}} \qquad\qquad (4-44)$$

$$\frac{\partial D_{k+1}}{\partial m_{3,k+1}} = \frac{\partial T_k}{\partial m_{3,k+1}} \cdot Ep \cdot D_k$$

类似地，由式(4-5)可得一次反射上行波的递推公式为：

$$U_k = \left[ \left( 1 - \frac{1}{T_k} \right) D_{k+1} + (2 - T_k) U_{k+1} \right] \cdot Ep \qquad (4-45)$$

式(4-45)中，$D_{k+1}$是第1层到第$(k+1)$层介质中待估参数的函数，$U_{k+1}$是所有层中待估参数的函数，因此第$k$层介质中一次反射上行波也是所有待估参数的函数，其对衰减系数的偏导数为：

$$\frac{\partial U_k}{\partial m_{2p}} = \left[ \left( 1 - \frac{1}{T_k} \right) \frac{\partial D_{k+1}}{\partial m_{2p}} + (2 - T_k) \frac{\partial U_{k+1}}{\partial m_{2p}} \right] \cdot Ep, \quad p = 1, \cdots, k-1$$

$$\frac{\partial U_k}{\partial m_{2k}} = \left[ T_k^{-2} \cdot \frac{\partial T_k}{\partial m_{2k}} \cdot D_{k+1} + \left( 1 - \frac{1}{T_k} \right) \frac{\partial D_{k+1}}{\partial m_{2k}} - \frac{\partial T_k}{\partial m_{2k}} \cdot U_{k+1} + \right.$$

$$\left. (2 - T_k) \frac{\partial U_{k+1}}{\partial m_{2k}} \right] \cdot Ep + U_k \cdot \left( -\frac{\omega \Delta z_k}{2} m_{3k} \right)$$

$$\frac{\partial U_k}{\partial m_{2,k+1}} = \left[ T_k^{-2} \cdot \frac{\partial T_k}{\partial m_{2,k+1}} \cdot D_{k+1} + \left( 1 - \frac{1}{T_k} \right) \frac{\partial D_{k+1}}{\partial m_{2,k+1}} - \right.$$

$$\frac{\partial T_k}{\partial m_{2,k+1}} \cdot U_{k+1} + (2 - T_k) \frac{\partial U_{k+1}}{\partial m_{2,k+1}} \right] \cdot Ep \qquad (4-46)$$

$$\frac{\partial U_k}{\partial m_{2p}} = \left[ (2 - T_k) \frac{\partial U_{k+1}}{\partial m_{2p}} \right] \cdot Ep, \quad p = k+2, \cdots, N$$

而第$k$层介质中一次反射上行波对慢度的偏导数为：

$$\frac{\partial U_k}{\partial m_{3p}} = \left[\left(1-\frac{1}{T_k}\right)\frac{\partial D_{k+1}}{\partial m_{3p}} + (2-T_k)\frac{\partial U_{k+1}}{\partial m_{3p}}\right] \cdot Ep, \quad p=1,\cdots,k-1$$

$$\frac{\partial U_k}{\partial m_{3k}} = \left[\begin{array}{l} T_k^{-2}\cdot\dfrac{\partial T_k}{\partial m_{3k}}\cdot D_{k+1} + \left(1-\dfrac{1}{T_k}\right)\dfrac{\partial D_{k+1}}{\partial m_{3k}} - \dfrac{\partial T_k}{\partial m_{3k}}\cdot \\[2mm] U_{k+1} + (2-T_k)\dfrac{\partial U_{k+1}}{\partial m_{3k}} \end{array}\right]\cdot Ep +$$

$$U_k \cdot \left(-\frac{\omega\Delta z_k}{2}m_{2k} - i\omega\Delta z_k\right) \tag{4-47}$$

$$\frac{\partial U_k}{\partial m_{3,k+1}} = \left[\begin{array}{l} T_k^{-2}\cdot\dfrac{\partial T_k}{\partial m_{3,k+1}}\cdot D_{k+1} + \left(1-\dfrac{1}{T_k}\right)\dfrac{\partial D_{k+1}}{\partial m_{3,k+1}} - \\[2mm] \dfrac{\partial T_k}{\partial m_{3,k+1}}\cdot U_{k+1} + (2-T_k)\dfrac{\partial U_{k+1}}{\partial m_{3,k+1}} \end{array}\right]\cdot Ep$$

$$\frac{\partial U_k}{\partial m_{3p}} = \left[(2-T_k)\frac{\partial U_{k+1}}{\partial m_{3p}}\right]\cdot Ep, \quad p=k+2,\cdots,N$$

式(4-43)~式(4-47)是 Fréchet 导数的完整计算式。我们注意到，这些公式中包含了透射系数对衰减系数和慢度的偏导数，而该偏导数的计算非常复杂，如式(4-33)~式(4-41)所示。实验表明，$T_k$ 对参数的偏导数的值非常小。简化上述偏导数计算的方法是将透射系数看作模型参数，与衰减系数和慢度一起进行反演，该简化算法也是使该波形反演方法在实际运算中变得可操作的必要条件。令 $m_{1k}=T_k$，根据式(4-42)，频率域中第$(k+1)$层介质中直达下行波对第 $k$ 层中三种参数的偏导数为：

$$\frac{\partial D_{k+1}}{\partial m_{1k}} = Ep\cdot D_k,$$

$$\frac{\partial D_{k+1}}{\partial m_{2k}} = m_{1k}\cdot Ep\cdot D_k\cdot(-\omega m_{3k}\Delta z_k/2), \tag{4-48}$$

$$\frac{\partial D_{k+1}}{\partial m_{3k}} = m_{1k}\cdot Ep\cdot D_k\cdot(-\omega m_{2k}\Delta z_k/2 - i\omega\Delta z_k),$$

而第$(k+1)$层介质中直达下行波对第二层到第$(k-1)$层介质的待估参数的偏导数为：

$$\frac{\partial D_{k+1}}{\partial m_{lp}} = m_{1k} \cdot Ep \cdot \frac{\partial D_k}{\partial m_{lp}}, \ l=1,\ 2,\ 3,\ p=1,\ 2,\ \cdots,\ k-1 \quad (4-49)$$

类似地，根据式（4-45），第 $k$ 层介质中一次反射上行波对第 $k$ 层模型参数的偏导数为：

$$\frac{\partial U_k}{\partial m_{1k}} = Ep \cdot \left[ \frac{1}{m_{1k}^2} D_{k+1} + \left(1 - \frac{1}{m_{1k}}\right) \frac{\partial D_{k+1}}{\partial m_{1k}} - U_{k+1} + (2 - m_{1k}) \frac{\partial U_{k+1}}{\partial m_{1k}} \right],$$

$$\frac{\partial U_k}{\partial m_{2k}} = Ep \cdot \left[ \left(1 - \frac{1}{m_{1k}}\right) D_{k+1} + (2 - m_{1k}) U_{k+1} \right] \cdot \left( -\frac{\omega m_{3k} \Delta z_k}{2} \right) +$$

$$Ep \cdot \left[ \left(1 - \frac{1}{m_{1k}}\right) \frac{\partial D_{k+1}}{\partial m_{2k}} + (2 - m_{1k}) \frac{\partial U_{k+1}}{\partial m_{2k}} \right],$$

$$\frac{\partial U_k}{\partial m_{3k}} = Ep \cdot \left[ \left(1 - \frac{1}{m_{1k}}\right) D_{k+1} + (2 - m_{1k}) U_{k+1} \right] \cdot \left( -\frac{\omega m_{2k} \Delta z_k}{2} - i\omega \Delta z_k \right) +$$

$$Ep \cdot \left[ \left(1 - \frac{1}{m_{1k}}\right) \frac{\partial D_{k+1}}{\partial m_{2k}} + (2 - m_{1k}) \frac{\partial U_{k+1}}{\partial m_{2k}} \right]$$

$$(4-50)$$

而第 $k$ 层介质中一次反射上行波对除第 $k$ 层外其他地层中待估参数的偏导数为：

$$\frac{\partial U_k}{\partial m_{lp}} = Ep \cdot \left(1 - \frac{1}{m_{1k}}\right) \frac{\partial D_{k+1}}{\partial m_{lp}} + Ep \cdot (2 - m_{1k}) \frac{\partial U_{k+1}}{\partial m_{lp}},$$

$$l=1,\ 2,\ 3;\ p=1,\ 2,\ \cdots,\ k-1$$

$$\frac{\partial U_k}{\partial m_{lp}} = Ep \cdot (2 - m_{1k}) \frac{\partial U_{k+1}}{\partial m_{lp}},$$

$$l=1,\ 2,\ 3;\ p=k+1,\ \cdots,\ N$$

$$(4-51)$$

以上是简化后 Fréchet 导数的解析表达式，由该导数构成的矩阵即雅克比矩阵。根据式（4-19），下行波对衰减系数的雅克比矩阵为：

$$J_1 = \begin{bmatrix} 0 & 0 & 0 & \cdots & 0 \\ \dfrac{\partial \boldsymbol{D}_2}{\partial Q_1^{-1}} & 0 & 0 & \cdots & 0 \\ \vdots & \vdots & \vdots & \ddots & \vdots \\ \dfrac{\partial \boldsymbol{D}_N}{\partial Q_1^{-1}} & \dfrac{\partial \boldsymbol{D}_N}{\partial Q_2^{-1}} & \dfrac{\partial \boldsymbol{D}_N}{\partial Q_3^{-1}} & \cdots & \dfrac{\partial \boldsymbol{D}_N}{\partial Q_{N-1}^{-1}} \end{bmatrix} \quad (4-52)$$

而上行波对衰减系数的雅克比矩阵为:

$$J_2 = \begin{bmatrix} \dfrac{\partial \boldsymbol{U}_1}{\partial Q_1^{-1}} & \dfrac{\partial \boldsymbol{U}_1}{\partial Q_2^{-1}} & \cdots & \dfrac{\partial \boldsymbol{U}_1}{\partial Q_{N-1}^{-1}} \\ \vdots & \vdots & \ddots & \vdots \\ \dfrac{\partial \boldsymbol{U}_{N-1}}{\partial Q_1^{-1}} & \dfrac{\partial \boldsymbol{U}_{N-1}}{\partial Q_2^{-1}} & \cdots & \dfrac{\partial \boldsymbol{U}_{N-1}}{\partial Q_{N-1}^{-1}} \\ 0 & 0 & \cdots & 0 \end{bmatrix} \quad (4-53)$$

式中,$\partial \boldsymbol{D}_k = [\partial D_{1k}, \cdots, \partial D_{Mk}]^T$,$\partial \boldsymbol{U}_k = [\partial U_{1k}, \cdots, \partial U_{Mk}]^T$,下标 $k$ 表示第 $k$ 列数据,该矢量表示第 $k$ 列数据对模型参数的 Fréchet 导数,$D$ 和 $U$ 分别代表直达下行波和一次反射上行波,元素 $\partial D$ 和 $\partial U$ 的第一和第二个下标分别表示采样点数和道数,$M$ 为总采样点数,$N$ 为总道数。对于 $(N+1)$ 层介质来说,假设第 $(N+1)$ 层介质为半空间,则没有上行波反射回第 $N$ 层,即 $\boldsymbol{U}_N = 0$,因此 $J_2$ 中第 $N$ 层的上行波对模型参数的偏导数为零。

在频率域,合成记录的频谱是上行波、下行波的频谱之和,因此正演数据对衰减系数的偏导数所构成的雅克比矩阵 $J_3$ 是上行波、下行波的雅克比矩阵之和:

$$J_3 = J_1 + J_2 \quad (4-54)$$

相似地,我们可以计算出正演数据对透射系数和慢度的偏导数构成的雅克比矩阵。例如,正演记录对慢度的雅克比矩阵为:

$$J_4 = \begin{bmatrix} \dfrac{\partial \boldsymbol{U}_1}{\partial c_1^{-1}} & \dfrac{\partial \boldsymbol{U}_1}{\partial c_2^{-1}} & \cdots & \dfrac{\partial \boldsymbol{U}_1}{\partial c_{N-1}^{-1}} \\ \vdots & \vdots & \ddots & \vdots \\ \dfrac{\partial \boldsymbol{D}_{N-1}+\partial \boldsymbol{U}_{N-1}}{\partial c_1^{-1}} & \dfrac{\partial \boldsymbol{D}_{N-1}+\partial \boldsymbol{U}_{N-1}}{\partial c_2^{-1}} & \cdots & \dfrac{\partial \boldsymbol{D}_{N-1}+\partial \boldsymbol{U}_{N-1}}{\partial c_{N-1}^{-1}} \\ \dfrac{\partial \boldsymbol{D}_N}{\partial c_1^{-1}} & \dfrac{\partial \boldsymbol{D}_N}{\partial c_2^{-1}} & \cdots & \dfrac{\partial \boldsymbol{D}_N}{\partial c_{N-1}^{-1}} \end{bmatrix} \quad (4-55)$$

而正演记录对所有参数的偏导数构成的雅克比矩阵是三种模型参数的雅克比矩阵的重新排列：

$$J = \begin{bmatrix} \dfrac{\partial \boldsymbol{U}_1}{\partial T_1^{-1}} & \dfrac{\partial \boldsymbol{U}_1}{\partial Q_1^{-1}} & \dfrac{\partial \boldsymbol{U}_1}{\partial c_1^{-1}} & \cdots & \dfrac{\partial \boldsymbol{U}_1}{\partial T_{N-1}^{-1}} & \dfrac{\partial \boldsymbol{U}_1}{\partial Q_{N-1}^{-1}} & \dfrac{\partial \boldsymbol{U}_1}{\partial c_{N-1}^{-1}} \\ \vdots & \vdots & \vdots & \ddots & \vdots & \vdots & \vdots \\ \dfrac{\partial \boldsymbol{D}_{N-1}+\partial \boldsymbol{U}_{N-1}}{\partial T_1^{-1}} & \dfrac{\partial \boldsymbol{D}_{N-1}+\partial \boldsymbol{U}_{N-1}}{\partial Q_1^{-1}} & \dfrac{\partial \boldsymbol{D}_{N-1}+\partial \boldsymbol{U}_{N-1}}{\partial c_1^{-1}} & \cdots & \dfrac{\partial \boldsymbol{D}_{N-1}+\partial \boldsymbol{U}_{N-1}}{\partial T_{N-1}^{-1}} & \dfrac{\partial \boldsymbol{D}_{N-1}+\partial \boldsymbol{U}_{N-1}}{\partial Q_{N-1}^{-1}} & \dfrac{\partial \boldsymbol{D}_{N-1}+\partial \boldsymbol{U}_{N-1}}{\partial c_{N-1}^{-1}} \\ \dfrac{\partial \boldsymbol{D}_N}{\partial T_1^{-1}} & \dfrac{\partial \boldsymbol{D}_N}{\partial Q_1^{-1}} & \dfrac{\partial \boldsymbol{D}_N}{\partial c_1^{-1}} & \cdots & \dfrac{\partial \boldsymbol{D}_N}{\partial T_{N-1}^{-1}} & \dfrac{\partial \boldsymbol{D}_N}{\partial Q_{N-1}^{-1}} & \dfrac{\partial \boldsymbol{D}_N}{\partial c_{N-1}^{-1}} \end{bmatrix}$$

$$(4-56)$$

　　时间域的雅克比矩阵由公式(4-56)进行逆傅里叶变换得到。值得注意的是，如前所述，观测数据 $\boldsymbol{d}_o$ 是将二维 VSP 数据按列重新排列成一个矢量，因此正演得到的计算数据 $\boldsymbol{d}_c$ 也按照道号依次排列成一列，而雅克比矩阵是正演数据对参数的偏导数，因此雅克比矩阵的行数为 $N \times M$。我们计算时域的雅克比矩阵时，并不是将一整列数据做逆傅里叶变换，而是将每道数据的 Fréchet 导数做逆傅里叶变换后再排成一列。

　　本章提出的波形反演方法中，正演的同时计算正演数据对参数的 Fréchet 导数，因此计算效率有所提高。正演合成记录的流程如下：

　　(1) 用窗函数截取实际数据中第一道的直达下行波，定义为参考子波。

（2）假设震源子波为常相位子波，从参考子波中估计子波参数，确定震源子波 $D_1$。

（3）根据式（4-42）逐层计算介质第二层到最后一层直达下行波的频谱，同时求取直达下行波对模型参数的偏导数。

（4）对（$N$+1）层介质来说，如果第（$N$+1）层是半空间，则下行波将不再向上反射，即 $U_N=0$。

（5）根据式（4-45）逐层计算介质最后一层到第一层的一次反射上行波的频谱，同时计算一次反射上行波对模型参数的偏导数。

（6）合成记录的频谱为上行波、下行波频谱之和：

$$S(\omega)=D(\omega)+U(\omega) \tag{4-57}$$

（7）合成记录的时域表达式 $s(t)$ 通过对式（4-47）做逆傅里叶变换得到：

$$s(t)=\frac{1}{2\pi}\int_{-\infty}^{\infty}S(\omega)\,e^{j\omega t}\mathrm{d}\omega \tag{4-58}$$

反演方法的流程总结如下：

（1）将地下介质按相邻检波器的距离划分为不同的地层，因此，该方法不需要先验的界面信息。

（2）根据下节介绍的方法计算模型参数的初始值。

（3）使用当前参数正演合成记录，同时计算雅克比矩阵。

（4）根据式（4-20）更新模型参数。

（5）如果观测数据与正演合成数据之间的误差达到合理的精度，停止反演；否则，返回第（3）步进行迭代反演直到误差满足要求。

正演、反演的流程图如图 4-3 所示。

### 4.2.3　模型参数初值的选取方法

波形反演的精度很大程度上依赖于初值。与真值偏差较大的初值可能导致收敛速度慢甚至无法收敛。透射系数 $T$ 的初值可以选为 1。速度初值可以根据直达波旅行时来确定，其计算公式为：

$$c_k = 2\frac{\Delta z}{t_k - t_{k-1}} \qquad (4-59)$$

式中，$\Delta z$ 是相邻检波器之间的距离，$t_k$ 是拾取到的第 $k$ 层直达波的双程走时。我们采用 WEPIF 方法估计 $Q$ 的初值，该方法无需加窗截取波形，分辨率高，抗噪性好。其计算公式为：

$$Q \approx \frac{\tau \delta^2 \kappa(\eta)}{4\pi \Delta f_p} \qquad (4-60)$$

式中，$\kappa(\eta) = 1 - \sqrt{2\pi}\, \eta \Phi^{-1}(2\pi\eta) \exp(-2\pi^2 \eta^2)$，$\Phi(x) = \dfrac{1}{\sqrt{2\pi}}$

$\displaystyle\int_{-\infty}^{x} \exp\left(-\frac{t^2}{2}\right)\mathrm{d}t$ 为标准正态分布的概率积分函数，$\eta = \sigma / 2\pi\delta$，$\sigma$ 为子波的调制频率，$\delta$ 为能量衰减因子。

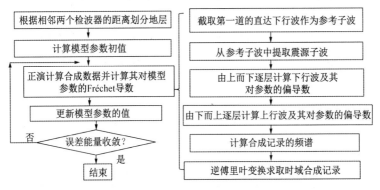

图4-3　正演、反演流程图

## 4.3　算例分析

### 4.3.1　数据1：由递增模型参数合成的零偏 VSP 资料

我们用合成零偏 VSP 资料验证提出方法的有效性。图 4-4（a）是五层深度模型及层间参数。基于该模型的合成记录如图 4-4（b）所示。震源子波采用主频为 50Hz 的 Ricker 子波，位于地表的零偏移距处；用 100 个间隔为 10m 的检波器接收子波，第一个检波器位于浅层地表；时间采样率为 1ms。首先，从上行波、下行波分离后的直达下行波记录中用 WEPIF 方法估计 $Q$ 初值，用走时估计速度初值，如图 4-5 所示，可以看出初值的走势与理论值一致，但是深层及界面上误差较大。其次，用提出的波形反演方法从直达下行波中估计模型参数，结果如图 4-6 所示。图 4-6(a) 表明透射系数 $T$ 的估计误差较大，图 4-6(b) 和图 4-6(c) 表明该反演方法估计的 $Q$ 值和速度在大部分区域比较准确，但在界面附近有较大误差。这是因为界面处反射波的严重干扰导致估计误差较大。然后，将图 4-6 所示的结果作为初值，将提出的方法用于含直达下行波和一次反射上行波的 VSP 数据，估计结果如图 4-7 所示。图 4-7(a) 和图 4-7(c) 表明该方法估计的透射系数 $T$ 和速度比较准确，在地层界面处误差很小。图 4-7(b) 所示的 $Q$ 值较图 4-6(b) 所示的估计结果有所改善，但由于 $Q$ 值在界面处的初值误差较大，利用含一次反射波的数据估计的 $Q$ 值在界面处仍然有较大误差。

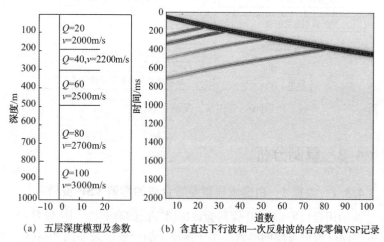

(a) 五层深度模型及参数　　　(b) 含直达下行波和一次反射波的合成零偏 VSP 记录

图 4-4　模型参数及合成零偏 VSP 记录

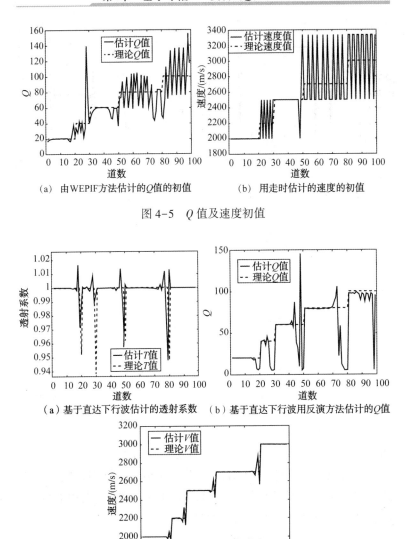

(a) 由WEPIF方法估计的Q值的初值　　(b) 用走时估计的速度的初值

图 4-5　Q 值及速度初值

（a）基于直达下行波估计的透射系数　（b）基于直达下行波用反演方法估计的Q值

（c）基于直达下行波用反演方法估计的速度

图 4-6　基于直达下行波用反演方法估计的透射系数、Q 值和速度

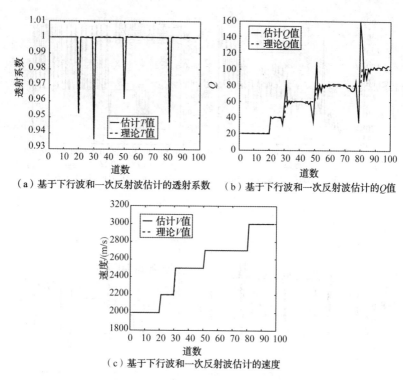

（a）基于下行波和一次反射波估计的透射系数　（b）基于下行波和一次反射波估计的$Q$值

（c）基于下行波和一次反射波估计的速度

图4-7　基于下行波和一次反射波用反演方法估计的透射系数、$Q$值和速度

　　最后，由于透射系数和速度的估计较准确，因此我们固定$T$和速度的值，然后用提出的反演方法估计$Q$值，结果如图4-8所示，可以看出估计的$Q$值误差明显减小。该算例表明，提出的反演方法由于利用了直达下行波和一次反射波，因此估计的参数更精确，界面处的干扰得到明显压制。

### 4.3.2　数据2：用波动模型参数合成的零偏VSP数据

　　我们用另一个基于波动模型参数合成的零偏VSP记录检验方法的有效性。图4-9（a）和图4-9（b）分别是进行上行波、下行波分离后的合成记录的直达下行波和一次反射波。五层模型的速度分别为 2200m/s、2000 m/s、2700m/s、2500m/s 和 3000m/s，各层的 $Q$ 值分别为 40、20、80、60 和 100。图 4－10 是用 WEPIF 方法从直达下行波中估计的 $Q$ 值初值和用拾取的走时估计的速度初值。图 4－11 为用反演方法从直达下行波中估计的结果，可以看出该结果误差较大，尤其在界面附近。

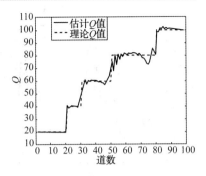

图 4-8　固定透射系数和速度后
用反演方法估计的 $Q$ 值

图 4-12是将图 4-11 所示的结果作为初值，将反演方法应用于含直达下行波和一次反射波数据的估计结果。图 4－12（a）和图 4-12（c）表明，利用该数据估计的透射系数 $T$ 和速度较精确，在界面处误差也很小。图 4-12(b)是固定 $T$ 和速度后估计的 $Q$ 值，其在界面处的估计精度进一步提高。该算例再次验证了提出的反演方法的有效性。

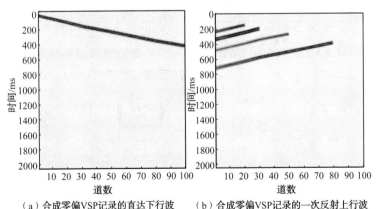

（a）合成零偏VSP记录的直达下行波　　（b）合成零偏VSP记录的一次反射上行波

图 4-9　基于五层深度模型的合成零偏 VSP 记录的直达下行波
与一次反射上行波

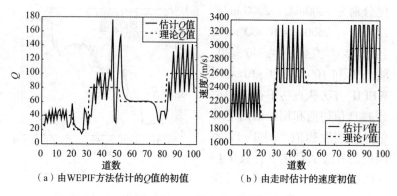

（a）由WEPIF方法估计的Q值的初值　　　（b）由走时估计的速度初值

图 4-10　Q 值和速度初值

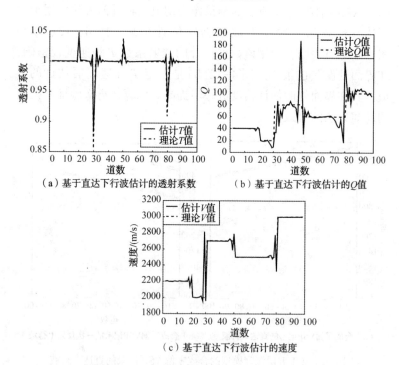

（a）基于直达下行波估计的透射系数　　　（b）基于直达下行波估计的Q值

（c）基于直达下行波估计的速度

图 4-11　基于直达下行波用反演方法估计的透射系数、Q 值和速度

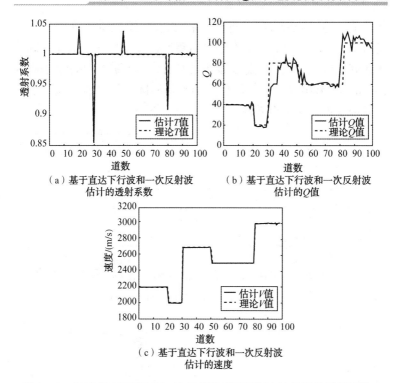

（a）基于直达下行波和一次反射波
估计的透射系数

（b）基于直达下行波和一次反射波
估计的Q值

（c）基于直达下行波和一次反射波
估计的速度

图4-12 基于直达下行波和一次反射波利用反演方法估计的透射系数、
Q值和速度

### 4.3.3 数据3：实际零偏VSP数据

我们用如图4-13（a）所示的实际零偏VSP资料验证提出的方法的有效性。该资料的深度为110～6100m，其中，110～5200m的深度范围内，相邻检波器的距离为10m，而5200～6100m的深度范围内，相邻检波器的距离为20m；时间采样率为1ms。图4-13（b）为从第一道记录中截取的直达下行波及从中提取的震源子波。

图4-14为WEPIF方法估计的Q初值及用走时估计的速度初值；图4-15为用反演方法估计的Q值和速度，其中，实线为

估计值，为了分析方便，将该结果用低通滤波器进行平滑，如点线所示。众所周知，$Q$ 值在油气富集区比较小，即衰减在该区域比在其他区域要大。用该反演方法估计的强衰减区在深度 1600～2000m 和 3500～4100m。该反演结果与实际勘探结果一致，进一步验证了该方法的有效性。

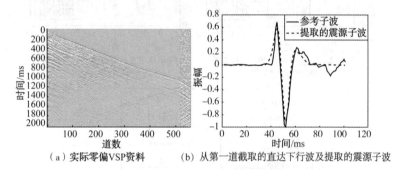

（a）实际零偏VSP资料 　　　（b）从第一道截取的直达下行波及提取的震源子波

图 4-13　实际零偏 VSP 资料及提取的震源子波

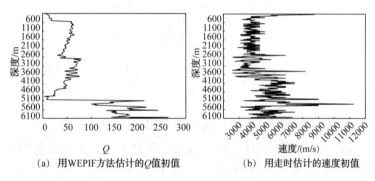

（a）用WEPIF方法估计的$Q$值初值 　　　（b）用走时估计的速度初值

图 4-14　$Q$ 值与速度初值

## 4.4　小结

本章提出一种估计 $Q$ 值和速度的波形反演方法，并应用于含直达下行波和一次反射上行波的零偏 VSP 数据中。该方法将高斯-牛顿法进行改进，推导了 Fréchet 导数的解析表达式，在正演的同时求取雅克比矩阵以加快运算速度。由于该方法利用了一次反射上行波的信息，从而压制了界面上来自上行波的干扰。与已有方法相比，该方法运算速度快，在反射界面处反演精度高且不需要先验层位信息。合成数据和实际零偏 VSP 资料算例表明该方法能得到较精确的地震衰减估计，对储层刻画有重要的指示作用。

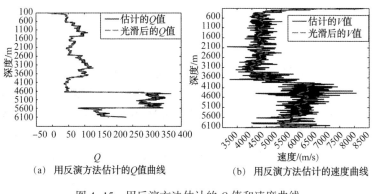

(a) 用反演方法估计的$Q$值曲线　　　　(b) 用反演方法估计的速度曲线

图 4-15　用反演方法估计的 $Q$ 值和速度曲线

# 第5章　逐次差分进化算法及其在高维不可分参数空间中的应用

## 5.1　引言

随着油气勘探技术的发展及油气田勘探程度的进一步加深，油气勘探已从常规油气藏向非常规油气藏发展，勘探对象日益复杂，对勘探技术的要求越来越高。如何精细地刻画地下介质构造、岩性及流体饱和度等是地震勘探亟待解决的重要问题。波在地下介质中传播时，介质的黏弹性使得波的能量逐渐耗散，这种介质的固有吸收作用通常用介质品质因子 $Q$ 表征，估计的 $Q$ 值可用于烃类检测和储层描述。速度是勘探地球物理中最重要的介质参数之一，在地震成像中起重要作用。介质 $Q$ 值与速度的精确反演具有重要意义，可以作为目标检测的辅助参数之一。

目前，已有多种估计 $Q$ 值和速度的方法，包括直接计算方法及反演类方法。反演优化技术已广泛应用于许多领域，在地震勘探中可用于反演地下复杂构造的介质参数。反演方法有很多，如波形反演、层析成像等，波形反演优化技术又有局部优化类反演方法和全局优化类反演方法等。局部优化方法计算速度快，不足是高维参数反演中矩阵求逆困难，容易陷入局部极小值，且反演精度依赖于初值。与局部优化类方法相比，全局优化类方法对初值无依赖性，且不需要计算矩阵的逆，不足是运算量大，计算耗时。近年来，由于计算机运算能力显著提高，全局优化方法已得到广泛应用。

全局优化算法有模拟退火法、差分进化算法、遗传算法、协同进化算法,以及改进的协同选择差分进化算法(DE-CCS)、协同变异差分进化算法(DE-CCM)等。协同进化算法在求解高维可分问题时,具有一定的有效性和实用性,但不适用于强非线性不可分问题;在此基础上发展的 DE-CCS 及 DE-CCM 方法均用于解决波形反演中的高维可分问题。DE-CCS 在选择操作中由局部适应度函数引导子成分的进化方向,用全局适应度函数从整体上控制个体的进化方向,对一个个体进行一次迭代时需要两次正演,而 DE-CCM 将分解思想用于变异策略中,用局部适应度函数引导子成分的变异方向,用全局适应度函数在选择步骤中控制个体的进化方向,对一个个体进行一次迭代时只需一次正演。DE-CCS 和 DE-CCM 均适用于可分问题。

相较地面反射数据,VSP(垂直地震剖面)数据的质量较好,信噪比和分辨率较高,能提供更多的层位和频率信息。由于一次反射上行波的能量比多次波强得多,我们主要研究适用于含直达波及一次反射上行波的零偏 VSP 资料的反演方法。

由第 4 章介绍的波形反演方法可知,局部优化类波形反演方法对初值有非常强的依赖性,而选取高精度的初值比较困难,导致反演精度降低,因此有必要研究不依赖于初值的全局优化类波形反演方法。现有的全局优化算法应用于高维可分模型空间时取得了很大成功,但是对于由黏弹介质中的待估参数张成的不可分模型空间,全局优化算法还有待进一步研究。本章基于差分进化算法的原理,研究了适用于不可分模型参数空间的逐次差分进化算法(DE-S)。首先按相邻两个检波器的距离将地下介质划分为不同地层,每一道数据划分为一个子成分,提出新的计算流程,利用差分进化算法逐层(即逐道)地优化每个子成分,并借鉴 DE-CCM 方法中变异选择的原理,提出了改进后的加权变异方法和迭代终止条件,最终求取了零偏 VSP 资料的 $Q$ 值和速度。合成模型和实际资料验证了该方法的有效性。

# 5.2 基于零偏 VSP 资料的逐次差分进化方法 (DE-S)原理

## 5.2.1 问题的引出

基于黏弹介质模型生成的数据无法分成独立的子成分,其模型参数空间是不可分的,因此我们无法对每个子空间里的子成分独立且同时地进行优化。以零偏 VSP 资料为例,基于黏弹介质生成的观测数据与基于弹性介质生成的观测数据不同的是:弹性介质中反射系数只与该界面上、下层介质的速度及密度有关,而黏弹性介质中,震源子波从震源向下传播到达检波器,由于介质的黏滞性使得波形的振幅、相位及频率和带宽等都发生了变化。这种衰减作用是逐层进行且不断累积的,即当前层的检波器接收到的子波是经其上各层介质"改造"过后的子波,因此检波器接收到的直达下行波携带了该检波器以上各层介质的参数信息。同理,检波器接收到的一次反射上行波由下行波在所有界面上反射后得到,因而携带了介质中所有地层的参数信息。因此,一道 VSP 记录是各层介质参数的函数,这些参数张成的空间无论沿时间方向还是沿空间方向都是不可分的。

以基于五层模型生成的零偏 VSP 纯下行波记录为例,我们用 DE-CCM 方法估计参数以引出现有方法应用于不可分模型空间时存在的问题。观测系统及各层参数如图 5-1(a)所示,合成记录如图 5-1(b)所示,该记录由上一章介绍过的改进的 Ganley 正演方法合成:

$$D_{k+1} = T_k e^{-\alpha\Delta z_k - i\omega\Delta z_k / v_k} D_k \qquad (5-1)$$

式中, $D_{k+1}$ 为介质第( $k+1$ )层顶部直达下行波的频谱, $\Delta z_k$ 为层间距离, $v_k$ 为层间速度, $\alpha = \omega/2v_k Q_k$ 为衰减系数, $T_k$ 为透射系数。该合成记录共有 100 道,相邻检波器之间的距离是 10m,时间采样率为 1ms。用相邻检波器的距离将介质划分为 100 层,每

一层的品质因子 $Q$ 和速度为待估参数，因此共有 200 个待估参数，这些参数张成 200 维的模型参数空间，而每一层的两个待估参数构成子空间。

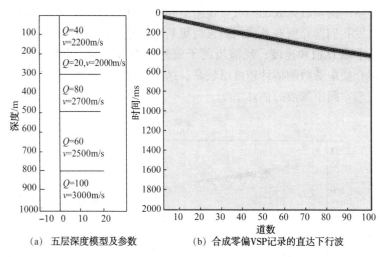

(a) 五层深度模型及参数　　　(b) 合成零偏VSP记录的直达下行波

图 5-1　五层深度模型及合成零偏 VSP 资料

图 5-2 为观测数据子成分划分示意图，通过加窗截取每道记录的直达下行波作为一个子成分，即每一层就是一个子成分。利用 DE-CCM 方法反演参数时，用局部适应度函数控制子成分的进化方向，每次迭代中所有参数同时进行更新，然后用全局适应度函数控制个体的进化方向。图 5-3 为 300 次迭代后估计的 $Q$ 值和速度曲线，图 5-4 为 1100 次迭代后估计的参数曲线。图 5-5 为误差能量收敛曲线，此处的误差能量定义为观测数据与计算数据的差的平方和，由图可知，迭代 1200 次左右时误差能量才开始收敛。由图 5-3~图 5-5 可以看出，虽然所有待估参数在反演中同时进行更新，但只有当上层介质中的参数估计较准确时，下层介质中的参数才有可能提高精度，否则误差能量将不收敛。这是因为，由式可以看出，下行波逐层进行合成，子波在黏弹介质

中传播时，介质的衰减作用使得波形发生变化，若上层介质的参数不准确，则将上层介质中的子波作为子震源的以下各层介质中的正演记录都有误差。该算例表明，协同进化算法应用于由黏弹介质中的参数张成的不可分模型空间时，计算效率比较低。这就启发我们摒弃所有参数同时进行更新的策略，采用逐层反演的方法求取 $Q$ 值和速度，反演当前子成分的参数时尽量保证其上各层介质中参数的估计精度已较高，这样可以提高运算效率和整个模型空间中参数的估计精度。

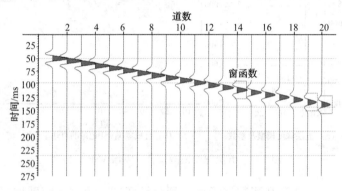

图 5-2　观测数据子成分划分示意图

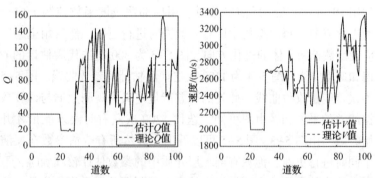

(a) 用DE-CCM方法迭代300次后估计的$Q$值　(b) 用DE-CCM方法迭代300次后估计的速度

图 5-3　用 DE-CCM 方法迭代 300 次后估计的参数

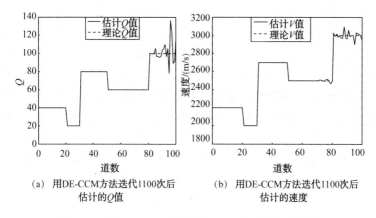

(a) 用DE-CCM方法迭代1100次后
　　估计的Q值

(b) 用DE-CCM方法迭代1100次后
　　估计的速度

图 5-4　用 DE-CCM 方法迭代 1100 次后估计的参数

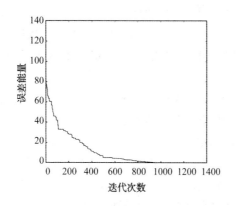

图 5-5　DE-CCM 方法误差能量收敛曲线

进化算法是根据自然界中各物种进化的规律，依据物竞天择、适者生存的原则，利用计算机模拟个体(即物种)达到最优过程的算法，通过群体一代代的迭代，将不利于物种延续的基因不断淘汰，将好的基因传承下去，最终使个体达到最优。进入现代化后，人类没有天敌，对所有物种都奏效的进化规律在人类这里已失效。现在人类的进化不仅遵从自然、环境的规律，还受到已有经验的主观指导，由各种媒介记载并传承下来的人类文明就是这种宝贵的经验，每一个时代创造的成果通过取其精华、去其糟粕而一代代积累并传承下来。错误的成果对人类的发展具有阻碍作用，幸而人类根据经验可以及时矫正这种错误。这就类似地震勘探中的衰减作用，检波器接收到的子波是经多层介质衰减后得到的结果。当求取某层介质中的参数时，必须保证其上各层介质的参数估计准确，否则参数的误差将影响后续参数估计的精度。基于这种认识，我们提出逐次差分进化算法（DE-S），将每一层划分为一个子成分，用局部适应度函数引导每一个子成分最优基因的选择，然后逐层进行反演。DE-S方法有由上而下和由下而上两种策略，下面将分别进行介绍。

### 5.2.2 由上而下策略原理

该策略适用于含直达下行波的零偏 VSP 数据。与其他模拟进化算法类似，DE-S 方法首先给定一个含 $M$ 个个体的初始群体 $X$：

$$X = [x_1, x_2, \cdots, x_M] \tag{5-2}$$

该群体中的第 $k$ 个个体表示为：

$$x_k = [x_{k,1}, x_{k,2}, \cdots, x_{k,N}], \quad k = 1, \cdots, M \tag{5-3}$$

式中，$N$ 为总道数，同时也是每种待估参数的维度，本章按照检波器的距离划分地层，若每层中的待估参数是 $Q$ 值和速度，则待估参数的总数为 $2N$。如前所述，每一道作为一个子成分，用 $L_1$ 范数定义的第 $k$ 个个体的局部适应度函数为：

$$f_{k,j} = \sum_{n=P-P_1}^{P+P_2} |[d_{o,j}(n) - d_{k,j}(n)] \cdot g(n)| \tag{5-4}$$

式中，$d_{o,j}(\cdot)$ 为第 $j$ 道观测数据，$d_{k,j}(\cdot)$ 为由第 $k$ 个个体正演计算的第 $j$ 道数据，$P$ 为观测数据直达波瞬时振幅谱的峰值位置，$P_1$、$P_2$ 分别为子波瞬时振幅的包络峰值左右两侧的第一个波谷位置，$g(n)$ 是高斯窗函数，定义为：

$$g(n) = \exp\left[-\frac{1}{2} \cdot \frac{(n-P)^2}{\sigma^2}\right] \tag{5-5}$$

式中，$n$ 为变量，$\sigma$ 为标准差，用来控制窗的宽度，高斯窗的中心位于子波包络峰值处。采用加窗截取波形的方法，是为了尽可能多地利用每个子成分中直达下行波的有效信息，同时最大限度地压制噪声干扰。由式(5-4)可知，局部适应度函数表示的是直达下行波的误差能量。用第 $k$ 个个体 $\pmb{x}_k$ 为参数生成 VSP 数据，每道计算一个局部适应度值，则第 $k$ 个个体对应的局部适应度值矢量为：

$$\pmb{f}_k = [f_{k,1}, \ f_{k,2}, \ \cdots, \ f_{k,N}] \tag{5-6}$$

因此对于含 $M$ 个个体的群体 $\pmb{X}$ 来说，其正演数据对应的局部适应度值为 $M \times N$ 的矩阵：

$$\pmb{f} = \begin{bmatrix} f_{1,1} & f_{1,2} & \cdots & f_{1,N} \\ \cdots & & & \\ f_{M,1} & f_{M,2} & \cdots & f_{M,N} \end{bmatrix} \tag{5-7}$$

初始群体 $\pmb{X}$ 也是 $M \times N$ 的矩阵，但这里要特别注意，$\pmb{X}$ 与 $\pmb{f}$ 中的元素并不是一一对应的关系，由于下行波是上层介质参数的函数，因此 $f_{k,j}$ 是第 $k$ 个个体的前 $j$ 个元素的函数。

有效的变异策略可以使个体中的基因(待估参数)快速得到改良，经过多代循环最终得到最优个体。如上所述，VSP 资料的直达下行波中，一道数据是检波器上方介质中所有参数的函数。正演模拟中，透射系数定义为：

$$T_j = \frac{2\rho_j v_j}{\rho_j v_j + \rho_{j+1} v_{j+1}} \tag{5-8}$$

式中，$\rho_j$ 为层间密度，本章假设介质密度为常数，$v_j$ 为层间速度。透射系数 $T_j$ 是当前层与下一层速度参数的函数，因此每个个体循环时，我们固定其他层的参数后，不仅需要变异当前层的 $Q$ 值和速度，还需变异和选择下一层介质的参数。当所有个体中这两层的参数均选择最优值后，再进行层位循环，逐层反演参数。

为了寻找基因变异的正确方向，反演第 $j$ 层的参数时，我们将群体 $\boldsymbol{X}$ 中第 $j$ 列的所有变量进行升序排列：

$$\boldsymbol{x}^s_{\cdot,j} = \text{sort}[x_{1,j},\ x_{2,j},\ \cdots,\ x_{M,j}] = [x^s_{1,j},\ x^s_{2,j},\ \cdots,\ x^s_{M,j}] \quad (5\text{-}9)$$

式中，上标 $s$ 表示排序后的序列。该序列对应的局部适应度值为：

$$\boldsymbol{f}^s_j = [f^s_{1,j}(x^s_{1,j}),\ f^s_{2,j}(x^s_{2,j}),\ \cdots,\ f^s_{M,j}(x^s_{M,j})] \quad (5\text{-}10)$$

令排序前的序列对应的局部适应度函数为 $\boldsymbol{f}_j$，$\boldsymbol{f}^s_j$ 由 $\boldsymbol{x}^s_{\cdot,j}$ 中的元素对应于 $\boldsymbol{f}_j$ 中的值所构成，而非将 $\boldsymbol{f}_j$ 中的元素进行升序排序。前文已说明，$f_{k,j}$ 是第 $k$ 个个体的前 $j$ 个元素的函数，但 DE-S 方法采用逐层反演的方式，即第 $j$ 层反演时，将第 1 层~第 $(j-1)$ 层的参数固定，只更新第 $j$ 层和第 $(j+1)$ 层的参数，而第 $j$ 层的参数对局部适应度值的影响较大，因此我们将局部适应度函数写为 $f_{\cdot,j}(x^s_{\cdot,j})$ 这种表达式，除简洁外，也指明当前局部适应度函数中的变量以 $x^s_{\cdot,j}$ 为主。从 $\boldsymbol{f}^s_j$ 中拾取该矢量的最小值以及最小值两侧邻域内的 $NP$ 个值，这 $(2\times NP+1)$ 个值的解析表达式可用具有最小值的凹函数多项式拟合来逼近：

$$y = Ae^{-mx} + Be^{nx} \quad (5\text{-}11)$$

式中，$A$，$B$，$m$，$n$ 为复合方程的 4 个参数，可通过反演方法求取，$x$ 为第 $j$ 列排序后的变量，$y$ 为对应的局部适应度值。该凹函数的极小值点对应的变量可能是一个更好的变异基因。为了确定 $A$，$B$，$m$，$n$ 这四个参数的值，定义目标函数为：

$$E = \sum_{i=1}^{2NP+1} |f^s_{i,j}(x^s_{i,j}) - y(x^s_{i,j})|^2 \quad (5\text{-}12)$$

式中，$f^s_{i,j}(x^s_{i,j})$ 为计算的局部适应度值，$y(x^s_{i,j})$ 为待拟合的多项式的值。因为有 4 个待估参数，Hessian 矩阵的逆比较容易求取，因此可以用高斯-牛顿法求解该方程组。

然而，全局优化算法需要大量迭代，其计算量本身已比较大，而高斯-牛顿法是一种反演方法，计算速度比较慢。为了提高计算速度，实际中我们采用如下的直接方法进行变异。令局部适应度函数的最小值对应的变量为 $x_{r,j}$，在群体的第 $j$ 列中随机选取除最小值外的两个变量 $x_{r_1,j}$ 和 $x_{r_2,j}$，则第 $k$ 个个体的第 $j$ 个元素的变异策略是：

$$x_{k,j}^m = x_{r,j} + F \cdot (x_{r_1,j} - x_{r_2,j}) \qquad (5-13)$$

式中，$F$ 是控制参数，其值是 $0\sim1$ 之间的随机变量。所有个体进行循环以更新第 $j$ 列的基因，变异后的基因在最优值点附近扰动，不同个体变异后的值略有差异，这是因为随机选取的变量不同以及控制参数不同，而这也符合自然规律，体现了变异发生的随机性。该变异策略的思路是，物种进化遵从自然法则，但是可以从环境中获取先验信息引导进化的方向，该先验信息即通过比较而获取的最优基因。与 DE-CCM 方法不同的是，我们选择的是所有个体的最小值点，而非选择一部分个体的极小值点，这样可以加快收敛速度。该直接方法是一种近似方法，操作简便，虽然精度不及反演方法，但是计算速度快，而此处精度的降低可以在全局反演中得到补偿。

将所有个体进行循环后，为了使深层参数反演精确，我们构造局部循环流程，即进行多次个体循环。该局部迭代循环过程中，我们观察到一种现象，随着迭代次数的增加，局部适应度值（即误差能量）依然很大时不同局部适应度值之间的变化却很小。这是因为随着变异次数的增加，这一列参数逐渐接近最优值，在参数未到达最优值时它们之间的差异已越来越小，变异缺乏突破的动力，导致变异前后的值差异很小，如果不引入新的变异机制，群体中第 $j$ 列的所有分量将趋于常数。为了改善反演精度，我们提出如下的加权变异策略。给定误差能量的精度阈值，当误差能量大于阈值而两次个体迭代的误差能量之差小于另一阈值时，用局部适应度值加权的方法对变异扰动量进行增益，公式如下：

$$x_{k,j}^m = x_{r,j} + F \cdot |x_{r_1,j} - x_{r_2,j}| \cdot p_1 \cdot \lambda \qquad (5-14)$$

式中，$\lambda$ 是控制参数，可根据精度选取，上标 $m$ 表示变异后的值，权系数 $p_1$ 为归一化的局部适应度值，计算方法如下：

$$p_1 = \frac{f_{r,j}}{p_2}, \quad p_2 = \frac{1}{f_{r,j}} + \frac{1}{f_{r_1,j}} + \frac{1}{f_{r_2,j}} \tag{5-15}$$

式中，$f_{r,j}$，$f_{r_1,j}$，$f_{r_2,j}$ 是对应于基因 $x_{r,j}$，$x_{r_1,j}$，$x_{r_2,j}$ 的局部适应度值。该加权变异策略利用了误差能量的信息，使得变异扰动量可根据误差能量自适应地进行调整。

对于纯下行波，我们采用如下的流程反演参数（图 5-6）：

其中，$gen_{max}$ 和 $gen_{max_1}$ 为硬阈值，$E_{min}$ 为软阈值。我们设定两种迭代终止条件，一种是为避免迭代进入死循环而提出的硬阈值法：给定最大迭代次数 $gen_{max}$，若迭代次数达到给定的阈值则强制退出循环，另一种是当精度已满足要求时为避免浪费计算资源而及时退出循环的软阈值法：

$$Ea_j < E_{min} \tag{5-16}$$

式中，$Ea_j$ 是误差能量均值，$Ea_j = \frac{1}{M}\sum_{k=1}^{M} f_{k,j}$，$M$ 是个体总数，$E_{min}$ 是设定的最小精度阈值。如果方程（5-16）满足，则退出循环。

由以上流程可以看出，第 $j$ 道循环时上层介质参数保持不变，对第 $j$ 层和第 $(j+1)$ 层的参数进行变异和选择，正演第 1 道到第 $(j+1)$ 道，然后计算第 $j$ 道和第 $(j+1)$ 道的局部适应度值，进而引导最优基因的选择，由此实现参数逐层反演。第 $j$ 道循环时同时计算第 $(j+1)$ 道的局部适应度值，除了因为透射系数是第 $j$ 层和第 $(j+1)$ 层参数的函数外，还因为上层介质参数更新后，正演记录会随之更新，第 $(j+1)$ 道的记录是上层介质参数的函数，若不更新第 $(j+1)$ 层局部适应度函数的值，则第 $(j+1)$ 道循环时使用的局部适应度值为初始记录的误差能量而不能反映上层参数的更新状态。改进的方法与 DE-CCM 法中变异策略的不同点是：DE-CCM 方法根据局部适应值对每个子成分按照各自独立的策略同时进行变异和选择，变异后的个体与原个体按概率交叉，而改进的 DE-S 方法根据局部适应度值对个体的参数逐层进行变异，整个群体更新完后根据全局适应度值选择最优个体。变异即是优选的过程，不同于 DE-CCM 方法中子成分包含多个基因的情况，DE-S 方法是对单个基因进行变异的，一个子成分中的变量只有一个基因，变异后的基因已经是最优选择，因此变异后的参数不需要与变异前的参数进行交叉。

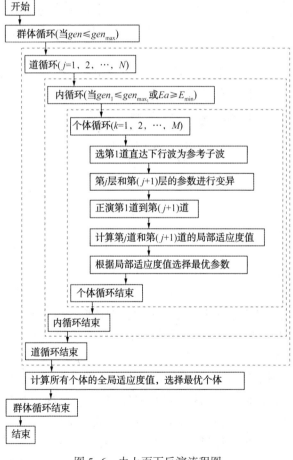

图 5-6  由上而下反演流程图

### 5.2.3 由下而上策略原理

对于含直达下行波和一次反射上行波的 VSP 数据，每道数据是所有待估参数的函数：如前所述，直达下行波携带了波从震源传到接收器所经过的介质的参数信息，而一次反射上行波由各界面反射后得到，其携带了介质的所有参数信息，这些参数相互耦合并张成不可分空间。若用窗函数截取下行波并采用由上而下逐层递推反演参数的策略，则无法利用上行波信息，并且在反射界面处，上行波的干扰将影响参数估计的精度。基于此，我们提出一种由下而上逐层反演策略。

检波器接收到上行波后不再向下反射则不会产生多次波。我们用上一章介绍的改进的 Ganley 正演方法合成含直达下行波和一次反射上行波的零偏 VSP 资料：

$$\begin{bmatrix} D_j \\ U_j \end{bmatrix} = A_j \begin{bmatrix} D_{j+1} \\ U_{j+1} \end{bmatrix} \tag{5-17}$$

式中，$A_j = \dfrac{1}{T_j} \begin{bmatrix} e^{\alpha\Delta z_j + i\omega\Delta z_j / v_j} & 0 \\ R_j e^{-\alpha\Delta z_j - i\omega\Delta z_j / v_j} & (1 - R_j^2) e^{-\alpha\Delta z_j - i\omega\Delta z_j / v_j} \end{bmatrix}$ 为传输矩阵，$T_j$ 和 $R_j$ 分别为透射系数和反射系数，$\omega$ 为频率，$v_j$ 为层间速度，$\Delta z_j$ 为层厚度，$\alpha$ 为衰减因子，$D_j$ 和 $U_j$ 分别为下行波和上行波的频谱，对 $(N+1)$ 层介质来说，$U_N = 0$。从式 $(5-17)$ 可以看出，第 $j$ 层的记录可由第 $(j+1)$ 层的记录通过传输矩阵推导得到，这启迪我们采用一种由下而上的反演方法，即截取最后一道的直达下行波 $D_N$ 作为参考子波，逐层上推求取各层介质的参数。其流程如下（图 5-7）：

由下而上策略中，第 $(j+1)$ 层中的参数先于第 $j$ 层中的参数进行更新，因此，利用第 $j$ 道数据反演时，第 $(j+1)$ 层中的参数已经是经过变异选择后得到的最优值，故只需对第 $j$ 层中的 $Q$ 值及速度进行变异和选择，无须再更新第 $(j+1)$ 层中的参数。与由上而下策略中局部适应度函数的定义类似，由下而上策略中局部适应度函数也定义为观测数据与计算数据的误差，不同的是其为截取的直达下行波和一次反射上行波的误差能量：

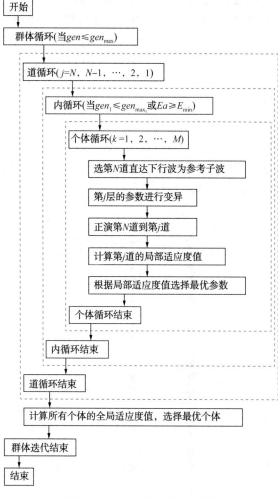

图 5-7 由下而上反演流程图

$$f_{k,\,j} = \sum_{n=TR_1}^{TR_N} \left| \left[ d_{o,\,j}(n) - d_{k,\,j}(n) \right] \cdot g(n) \right| \qquad (5\text{--}18)$$

式中，$TR_1$ 和 $TR_N$ 的定义如图 5-8 所示。由图可知，用高斯窗 $g(n)$ 截取第 $j$ 道观测数据的过程为，首先计算观测数据的瞬时振幅 $IA$，在瞬时振幅曲线上根据噪声水平给定一个阈值，该阈值可滤除部分噪声的干扰。在大于该阈值的 $IA$ 数据中拾取第一个峰值点 $P_1$ 和最后一个峰值点 $P_N$，在 $P_1$ 上方拾取瞬时振幅的第一个波谷点 $TR_1$，在 $P_N$ 下方拾取第一个波谷点 $TR_N$，则 $g(n)$ 的中心点位于 $(TR_N+TR_1)/2$ 处，窗长为 $(TR_N-TR_1)$。这样设置局部适应度函数的求和范围是为了充分利用下行波和一次反射上行波的信息。全局适应度函数定义为全部观测数据与计算数据的误差能量，其利用的是所有道的数据信息：

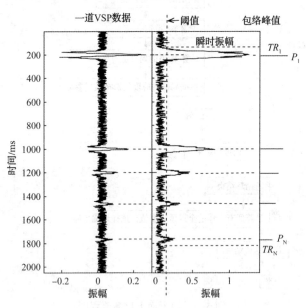

图 5-8　由下而上策略中截取波形的上、下界选取方法示意图

$$f_G = \sum_{j=1}^{N} \sum_{n=TR_1}^{TR_N} \left| \left[ d_{o,j}(n) - d_{c,j}(n) \right] \cdot g(n) \right| \qquad (5-19)$$

式中，$N$ 为总道数，$d_{c,j}(n)$ 为计算的数据。式是针对一道数据定义的子成分的局部适应度函数，式是在式的基础上针对整个数据体定义的全局适应度函数。群体中的所有个体进行更新后，即完成一代循环后，用全局适应度函数选择最优个体，控制群体的进化方向。

## 5.3  算例

### 5.3.1  数据1：含直达下行波的合成零偏 VSP 资料

首先用只含直达下行波的 VSP 合成数据验证 DE-S 方法由上而下策略的有效性。图 5-9(b) 是从图 5-9(a) 中截取的直达下行波。震源采用主频为 40Hz 的 Ricker 子波，位于地表零偏移距处。采用由上而下策略逐层反演 $Q$ 值和速度，反演结果如图 5-10 所示，虚线是理论值，实线是估计值。由图 5-10 可以看出，估计的速度较准确，估计的 $Q$ 值略有误差，这是因为实际中速度一般为 1500~6500m/s，$Q$ 的范围一般为 5~200，速度比 $Q$ 值大得多，而衰减因子是速度与 $Q$ 值的函数，因此衰减因子作用于子波后，波形对速度的变化较为敏感。从速度估计曲线上可以看出，估计的速度整体比较准确，但在界面处有误差，这是因为界面处残余反射波的干扰影响估计精度。从 $Q$ 值估计曲线上可以看出，浅层的 $Q$ 值估计较准确，深层的 $Q$ 值估计误差较大，误差的累积效应验证了参数的不可分性，但是估计的 $Q$ 值趋势与理论一致，而不同于图 5-3(a)，在图 5-3(a) 中当迭代次数较少时估计的深层介质参数不符合理论值的趋势，说明逐层估计方法对深层介质的参数估计较有效。同时，与第 4 章介绍的局部优化算法的估计结果对比可发现，本章估计的 $Q$ 值并不是仅在界面上有误差，而是误差有累积效应，这是差分进化算法应用

111

于不可分模型空间时的缺点，DE-S 方法也属于差分进化算法的一种，因此误差累积效应不可避免。图 5-11 为观测记录与计算数据的误差剖面，该剖面表明反演误差在可以接受的范围内，其数量级为 $10^{-9}$。需要指出的是，利用直达下行波估计参数时，也可以用由下而上策略，只需要删除正演模块中上行波的计算部分，此时该方法与由上而下策略的原理及耗时相同。

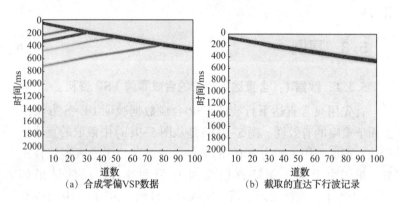

(a) 合成零偏VSP数据          (b) 截取的直达下行波记录

图 5-9　合成零偏 VSP 数据及截取的直达下行波

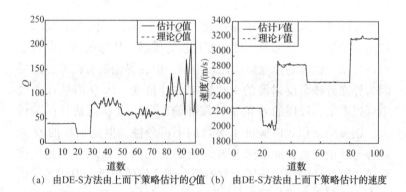

(a) 由DE-S方法由上而下策略估计的Q值　(b) 由DE-S方法由上而下策略估计的速度

图 5-10　由 DE-S 方法由上而下策略估计的 $Q$ 值和速度

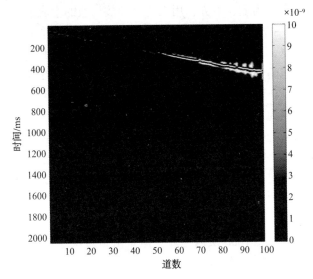

图 5-11　观测数据与计算数据的误差剖面

### 5.3.2　数据 2：含直达下行波和一次反射上行波的合成零偏 VSP 数据

我们用含直达下行波和一次反射上行波的合成 VSP 数据验证由下而上策略的有效性。检波器间距为 10m，共 100 个检波器。10 层深度模型的观测系统如图 5-12(a) 所示，图 5-12(b)~图 5-12(d) 为合成记录的波场快照，分别是从最后一道到第 80 道、第 40 道及第 1 道的合成数据。按相邻检波器的距离划分层位，共有 100 个地层，每层需反演 $Q$ 值和速度，因此共 200 个待估参数。群体中含 100 个个体，每个个体中基因的初值随机生成，为了使个体与实际值相符且使收敛速度加快，我们限定随机个体的生成界限。首先计算参数初值，初始 $Q$ 值由 Gao 和 Yang 提出的 WEPIF 方法计算，初始速度根据走时计算，然后由 $Q$ 值和速度初值的低频分量曲线分别叠加 ±50 和 ±0.7km/s 得到上、下界，如图 5-13 所示，其中，实线为计算的参数初值，虚线为理论值，点线为上、下界，用来约束参数初值的生成范围及搜索范围。DE-S 方法只利用由初值生成的上、下界，并不需要初值的精确信息，因此 DE-S 方法对初值没有依赖性。图 5-14 是用由下而上策略估计的结果，由图可见，估计的速度在大部分区域精度较高，$Q$ 值在深层介质处有微小误差，且边界处的误差较小，这是因为考虑了上行波信息后，增加了数据的信息量同时压制了界面处上行波的干扰。由全局适应度值收敛曲线表明，整个群体完成第一次迭代后，最优个体与理论值的误差已很小，这是由于采用逐层递推反演方式，每道循环时已进行多次局部迭代使得每层参数的估计精度较高，因此完成一代群体迭代后，估计精度已经较高。本实验中局部迭代内循环次数为 10 次，100 道记录循环完成需要 1000 次内循环，但是由于每次迭代时并不是正演合成所有道的记录，而是从最后一道逐层合成记录，如反演最后一层的参数时只需要合成第 100 道和第 99 道的记录即可，因此在迭代次数相同的情况下 DE-S 方法的计算效率比 DE-CCM 方法提高一倍左右。

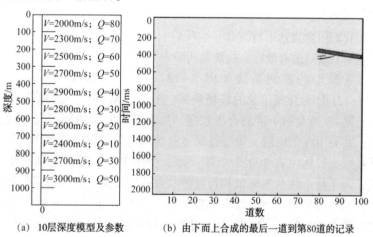

(a) 10 层深度模型及参数     (b) 由下而上合成的最后一道到第 80 道的记录

图 5-12   10 层深度模型及由下而上合成记录

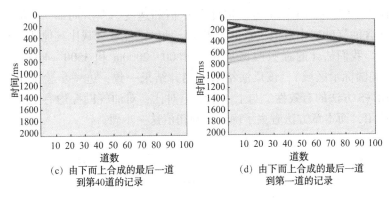

(c) 由下而上合成的最后一道
到第40道的记录

(d) 由下而上合成的最后一道
到第一道的记录

图 5-12　10 层深度模型及由下而上合成记录(续)

[注：图 5-12(b)~图 5-12(d)分别为最后一道到第 80 道、到第 40 道
以及到第 1 道的合成记录。]

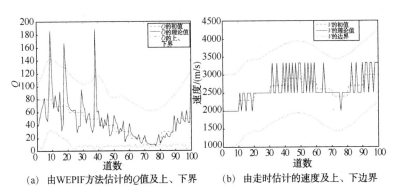

(a) 由WEPIF方法估计的$Q$值及上、下界

(b) 由走时估计的速度及上、下边界

图 5-13　理论 $Q$ 值(虚线)；由 WEPIF 方法估计的 $Q$ 初值(实线)；
上、下边界给出 $Q$ 值搜索范围(点线)与理论速度值(虚线)；由走时估计的
速度初值(实线)；上、下边界给出速度搜索范围(点线)

### 5.3.3　数据3：实际零偏 VSP 资料 1

我们用图 5-15 所示的实际零偏 VSP 资料进一步验证 DE-S
方法的有效性。该资料深度为 110~6100m，其中 110~5200m 深
度内相邻检波器间距为 10m，5200~6100m 深度内为 20m。

图 5-16为用由下而上方法估计的 $Q$ 值和速度。众所周知，$Q$ 值在含油气砂岩中数值比较低，表明该地区的能量衰减比其他地区大。我们估计的强吸收区域位于 1600～2000m 和 3500～4100m（椭圆标示区域），该反演结果与测井结果一致，进一步验证了 DE-S 方法的有效性。与上一章结果对比，对油气勘探均有指示作用，而本章方法省去了确定精确初值这一步骤。

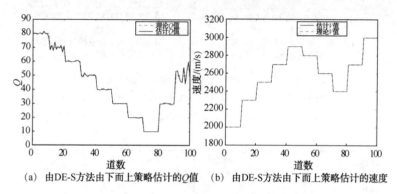

(a) 由DE-S方法由下而上策略估计的$Q$值　　(b) 由DE-S方法由下而上策略估计的速度

图 5-14　由 DE-S 方法由下而上策略估计的 $Q$ 值和速度

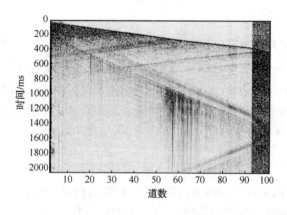

图 5-15　实际零偏 VSP 资料 1

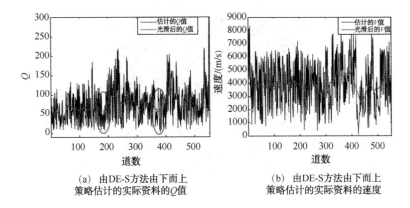

(a) 由 DE-S 方法由下而上
策略估计的实际资料的 $Q$ 值

(b) 由 DE-S 方法由下而上
策略估计的实际资料的速度

图 5-16　由 DE-S 方法由下而上策略估计的实际资料 1 的 $Q$ 值和速度

### 5.3.4　数据 4：实际零偏 VSP 资料 2

最后，我们用图 5-17 所示的某油田的一个零偏 6 级 VSP 单炮实际资料 2 进一步验证 DE-S 方法的有效性。该资料的时间采样率为 1ms，采样点数为 6001，深度范围为 380～3320m，相邻检波器间距为 20m，采用单级检波器接收。由图可以看出，该资料浅层噪声较大，有效信号淹没在噪声中，无法从第一道数据的直达下行波中提取震源子波，而深层信噪比较高，可以有效截取直达下行波，因此我们采用由下而上策略，将最后一道的直达下行波作为参考子波并从中提取震源子波参数。图 5-18 为 DE-S 方法估计的 $Q$ 值和速度，由图可见，整体上 $Q$ 值是随深度的增加而逐渐增大的。相对来说，$Q$ 值在目标储层深度附近 1000～1500m 和 2000～2500m 处有较小的值，该变化趋势可能与目标储层段的含气性有关。该算例进一步验证了 DE-S 方法的有效性，同时可以看出，实际情况中可以根据含噪性灵活地选择不同的策略，这是 DE-S 方法的一大优势。

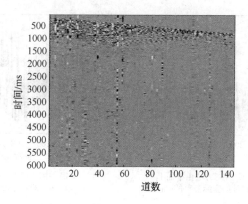

图 5-17  某油田实际零偏 VSP 资料 2

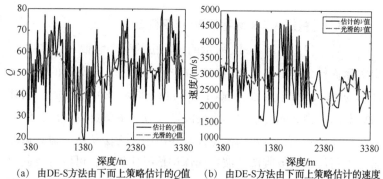

（a）由 DE-S 方法由下而上策略估计的 Q 值    （b）由 DE-S 方法由下而上策略估计的速度

图 5-18  由 DE-S 方法由下而上策略估计的实际资料 2 的 Q 值和速度

## 5.4  小结

本章提出了一种适用于黏弹介质中高维不可分模型空间的逐次差分进化算法（DE-S），并将其应用于零偏 VSP 数据的 Q 值和速度估计中。按相邻检波器之间的距离将地下介质划分为不同地层，每一层定义为一个子成分，给出了由上而下和由下而上两种

流程逐层优化 $Q$ 值和速度。在变异策略中引入权重因子以提高反演精度，且取消了交叉策略；同时，给出两种迭代终止条件，灵活有效，节省了程序运算时间，提高了计算速度。本章提出的方法适用于不可分模型空间，计算速度快，收敛性好，且不依赖于初值，与现有协同差分进化算法相比，计算效率有所提高。合成数据和实际资料算例验证了提出方法的有效性，估计的 $Q$ 值和速度精度高，误差在可接受的范围内，是储层识别的重要判断依据，对储层特征描述有重要作用。随着大型计算机的发展，该方法在地震勘探领域将得到进一步发展。

# 第6章　基于射线理论的衰减层析成像方法研究及其在叠前反射地震资料中的应用

## 6.1　引言

地震波在黏弹介质中传播会产生能量衰减和速度频散。由介质黏弹性引起的衰减是储层识别和烃类检测的一个重要工具，通常用品质因子 $Q$ 表示。$Q$ 值估计具有重要意义，目前已有很多估计方法，其中衰减层析成像方法是一种高精度的反演方法，是图像信息扩展、精细结构刻画和目标检测的有力工具，可用于复杂各向异性介质。

Sword 提出控制方向接收(CDR)层析成像方法，该方法利用射线参数信息和反射波走时信息估计速度，且将该方法应用于海上反射地震资料。基于 CDR 方法，井西利等估计了相空间复杂介质的速度。黄剑航改进了 CDR 方法，利用反射波的走时和梯度进行速度与衰减的联合反演，且研究了在较小的偏移距范围内拾取走时和连续同相轴的方法。Maud 等提出基于叠前地震数据进行 $Q$ 值补偿的方法，该方法利用衰减后的走时进行 $Q$ 值层析成像。赵连峰提出有序波前重构法并改进了衰减层析成像方法。现有的衰减层析成像方法大都基于振幅衰减法、上升时间法、对数谱比法(LSR)、中心频率偏移法(CFS)等直接估计方法推导非线性方程，而这些方法中，时间域方法抗噪性差，频率域方法需要加窗截取子波，导致层析成像结果精度不高。另外，现有的层析成像方法主要用于井间透射波，但是井间资料的采集比较昂贵，实际数据较少，且观测范围较小。相反，叠前地面反射资料不受 NMO 拉伸效应的影响，有精确的层位信息、丰富的频率和走时信息等，因此研究基于叠前地面反射地震资料的衰减层析成像方法具有重要意义。

在地震勘探中，射线是指地震波穿过地下介质的路径，它是波动方程的高频近似解。射线追踪是层析成像的基础之一，在反演过程中，每一次迭代都要进行射线追踪，沿追踪的路径合成正演模型，并确定反射界面的位置，因此快速、有效的射线追踪算法是提高计算效率的关键。目前，已有多种射线追踪方法，如试射法、弯曲法、波前法、逐步迭代法、四方网格打靶法、二分法、最短路径法、走时插值法、有序波前重构法等。现有的方法计算速度慢、难收敛、要求数据量大且分辨率低，如波前法中的最小走时射线追踪法，将地下介质网格化后，由于需要遍历所有的节点，因此网格划分不能过密，否则追踪速度将非常慢，而网格过大又降低了分辨率；又如逐步迭代法需预先假设一条射线，而这引入人为因素。射线方程具有解析表达式，因此基于射线方程的射线追踪方法，在给定合适的出射角时，可快速且准确地拾取射线路径，极大地提高射线追踪的效率。

为了拾取正确的反射波走时，我们需要在大偏移距范围内拾取连续同相轴，以便从记录上读取对应射线的走时。同相轴拾取是地震数据解释的基础之一。现有的同相轴拾取方法有人工拾取方法及自动拾取方法等，人工拾取方法计算速度慢、精度低，且受到主观因素的影响；自动拾取方法有互相关法、模式识别法、神经网络法等，这些方法很难拾取连续同相轴，且抗噪性差。

高静怀和杨森林提出的子波包络峰值瞬时频率法（WEPIF）具有分辨率高、操作简单、抗噪性好，且不需要加窗截取地震子波等优点。本章结合 WEPIF 方法和高斯加权插值法，推导了用于衰减层析成像的逐次线性方程，利用叠前反射地震数据反演 $Q$ 值。基于 Window-Hoff 最小二乘法，提出基于射线方程的自适应出射角步长射线追踪法，加快了运算速度。同时，首次提出一种

121

新的同相轴自动拾取方法，即倾斜叠加的峰值振幅处边缘检测算法，用于拾取走时和局部连续同相轴。该同相轴拾取方法信噪比高，操作方便，克服了现有方法中在大偏移距范围内难以连续拾取同相轴的这一难题。合成数据和实际资料算例验证了提出的方法的有效性。

## 6.2 原理

### 6.2.1 自适应角度步长射线追踪方法

波形反演方法采用迭代循环的方式求取参数，每次迭代时需要先进行正演，利用正演的合成数据与观测数据的匹配程度来更新待估参数，因此正演模拟是反演问题中重要的步骤之一。本章的正演记录基于射线追踪方法得到，利用射线追踪方法求取子波在地下介质中传播的路径和走时，沿该路径可得到衰减因子，进而计算接收数据。射线方程有解析表达式，若给定出射角就可以快速、精确地计算射线路径。地面反射地震数据的观测系统如图 6-1 所示，炮点和接收点均位于地表，地震子波由炮点出发经由反射界面反射后到达接收点。由于射线方程无法求取反射后的射线，因此将一条完整的射线分为反射点到炮点和反射点到接收点两部分，即认为射线从反射点出发，分别到达炮点和接收点。2 维射线方程为：

$$
\begin{aligned}
\frac{\partial x(t)}{\partial t} &= v^2(X)p_x \\[6pt]
\frac{\partial z(t)}{\partial t} &= v^2(X)p_z \\[6pt]
\frac{\partial p_x}{\partial t} &= -\frac{1}{v(X)} \cdot \frac{\partial v(X)}{\partial x} \\[6pt]
\frac{\partial p_z}{\partial t} &= -\frac{1}{v(X)} \cdot \frac{\partial v(X)}{\partial z}
\end{aligned}
\qquad (6-1)
$$

式中，$t$ 为走时，$X=(x, z)$ 为射线上点的坐标，$v$ 为空间某点的
速度，它是空间位置 $X$ 的函数，$p_x$ 和 $p_z$ 分别表示慢度的水平分量
和垂直分量。两条分段射线从反射点分别沿出射角 $\theta_s$ 和 $\theta_r$ 射出，
分别用时 $T_s$ 和 $T_r$ 后到达地表。射线方程的微分变量是时间，其
数值解是不同走时处的空间坐标和梯度方向，其中梯度方向由慢
度分量根据三角函数关系转换得到。射线到达地表后，其空间坐
标即为炮点或检波器的坐标，其梯度方向即为出射方向。给定反
射点位置及初始速度，若给定初始出射角 $\theta_s$ 和 $\theta_r$，则慢度分量
已知，根据式(6-1)可随着时间的延拓求得射线上各个点的空间
位置$(x, z)$和慢度分量 $p_x$ 及 $p_z$。因此，反演时给定初始界面位置
及速度后，在每次迭代中不断更新参数，对于正演来说，界面位
置及速度是已知的，此时射线追踪的变量是出射角，射线的位置
坐标及梯度是出射角的函数。

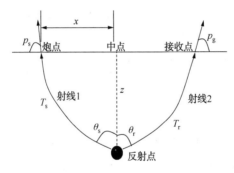

图 6-1　反射波射线路径示意图

求取正确的射线路径是正演的关键。一条完整的射线同时满
足以下两个条件即为正确的射线：

（1）$T=T_s+T_r$，其中 $T$ 为从观测数据上拾取到的走时，$T_s$ 和
$T_r$ 分别为反射点到炮点及反射点到检波器的走时，如图 6-1
所示。

（2）两条射线到达地表时的终点即为观测系统中炮点和接收

点的位置。

根据以上两个条件可构造射线追踪的目标函数，然后利用最小二乘法求取反射点处的出射角。本章的模型空间为 $Q$ 值，数据空间为拾取到的总走时 $T$ 及炮点和接收点的实际坐标。目标函数定义为射线在地表的实际坐标与计算坐标的距离误差，且用走时作为约束条件：

$$E(e^2(\theta)) = [x(\theta)-x_0]^2 + [z(\theta)-z_0]^2 + [w(T-T_s-T_r)^2]$$

$$(6-2)$$

式中，$(x_0, z_0)$ 是地表观测的炮点或接收点的实际坐标，$(x(\theta), z(\theta))$ 是计算的地表坐标，$T$ 为拾取的实际走时，$T_s$ 及 $T_r$ 为计算的分段走时，$w$ 为加权因子，控制约束项在目标函数中的权重，$E$ 是误差能量，定义为误差的平方和，$\theta$ 是出射角。由目标函数可以看出，误差能量是出射角的二次函数，它随出射角的变化如图 6-2 所示。寻找最优出射角的过程就是寻找误差能量曲线的"碗底"的过程。

根据 Window-Hoff 最小二乘法，当 $\partial E / \partial \theta = 0$，即误差能量的斜率为零时的出射角即为全局最优解。对第 $(k+1)$ 次迭代，射线的出射角为：

$$\theta_{k+1} = \theta_k - \mu \nabla_k \qquad (6-3)$$

式中，$\mu$ 是步长因子，$\nabla_k$ 是增量。

$$\nabla_k = \frac{\partial E(e_k^2)}{\partial \theta} = 2[x_k(\theta_k)-x_0]s\cos(\theta_k) + 2[z_k(\theta_k)-z_0]s\sin(\theta_k)$$

$$(6-4)$$

式中，$s$ 是射线已穿过的路径长度。

令 $\nabla\theta = \theta_k - \theta_{k+1}$，$\nabla\theta_k = \theta_k - \theta^*$，$\theta^*$ 是误差能量最小时的最优角度，$\theta_k$ 是第 $k$ 次迭代的出射角。图 6-2 表明：

（1）当 $\nabla\theta < \nabla\theta_k$ 时，$\mu\nabla_k$ 越大，误差能量收敛越快，出射角逐次逼近最优解。

（2）当 $\nabla\theta_k < \nabla\theta < 2\nabla\theta_k$ 时，$\mu\nabla_k$ 越大，误差能量收敛越快，出

射角振荡逼近最优解。

（3）当$\nabla\theta = 2\nabla\theta_k$时，误差能量等幅振荡。

（4）当$\nabla\theta > 2\nabla\theta_k$时，$\mu\nabla_k$越大，误差能量发散越快。

令$\mu = 1/2s$，由公式（6-4）可推导出自适应角度步长因子为式（6-5）：

$$\mu\nabla = -2\text{sign} \cdot \exp\left[-(x_k(\theta_k) - x_0)\right]\cos(\theta_k) +$$
$$2\exp\left[-(z_k(\theta_k) - z_0)\right]\sin(\theta_k), \quad E(e_k^2) > 1 \quad (6-5)$$

式中，$E(e_k^2)$是误差能量，"1"是正演模型的分辨率，单位是m×m，它表示的是地表炮点或接收点的实际坐标与计算的射线终点坐标的误差的平方，误差能量大于分辨率时公式（6-5）才适用，不同的模型有不同的分辨率，需根据实际情况确定分辨率的大小；$\text{sign} = (x_k(\theta_k) - x_0)/|x_k(\theta_k) - x_0|$是沿$x$轴的符号函数，用来控制增量方向。当$E(e_k^2) > 1$时，使用式（6-5）所示的角度步长可使误差能量快速收敛；当计算值接近观测值时，误差能量对于出射角很敏感，出射角的微小变化可能导致误差能量的大幅度震荡，因此我们提出一个经验公式作为角度步长因子：

$$\mu\nabla = \text{sign} \cdot \lambda \cdot \exp\left[-1/E(e_k^2)\right], \quad E(e_k^2) < 1 \quad (6-6)$$

式中，$\lambda$是用于调节收敛速度的步长因子，其典型值为0.0125。式（6-6）所示的角度步长变化幅度小，且随能量误差的减小而自适应地减小。

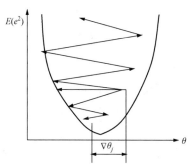

图6-2 误差能量随出射角变化示意图

出射角初值的选取也很重要，若选择不合适将导致收敛速度缓慢或发散。本章中出射角的初值根据图 6-3 所示的几何关系确定：

$$\theta_s = \arctan(h/2z_R),$$
$$\theta_r = 2\pi - \theta_s \tag{6-7}$$

式中，$h$ 是炮检距，$z_R$ 是反射点的深度，$\theta_s$ 和 $\theta_r$ 是出射角。根据出射角，分别计算两条分段射线的走时 $T_s$ 及 $T_r$ 用于目标函数的约束项中。

我们用合成数据验证了提出的自适应角度步长射线追踪方法的有效性。根据式(6-5)和式(6-6)修改步长因子，大多数情况下，迭代几次后误差能量将迅速收敛到合理的范围内，如图 6-4(a) 和图 6-4(b) 所示。有时，误差能量将等幅振荡，如图 6-4(c) 所示，此时程序进入死循环。通过迭代次数来判别是否发生等幅振荡，如果迭代次数大于给定的阈值而误差依然很大，则采用式(6-6)所示的步长策略进行迭代。采用新策略的误差收敛曲线如图 6-4(d) 所示。

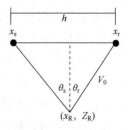

图 6-3　出射角初值
选取示意图

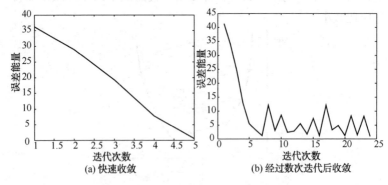

图 6-4　误差能量随迭代次数的收敛曲线

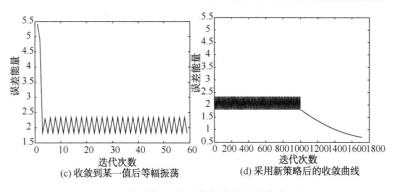

图6-4　误差能量随迭代次数的收敛曲线(续)

图6-5(a)是水平层状介质中含有5个同相轴的单道集叠前
CMP数据的射线路径；图6-5(b)为基于该路径的合成单道集
CMP数据。图6-5(c)是基于射线路径合成的含有11个道集的
叠前CMP数据，每个道集有5个同相轴，每炮记录由49个检波
器接收，最小炮检距为20m，检波器间距为10m；反射界面的深
度分别为200m、400m、600m、800m和1000m。检波器接收到
的每个子波对应一条完整的射线，而一条射线又分为反射点到炮
点、反射点到接收器两部分，因此需追踪$11 \times 5 \times 49 \times 2 = 5390$条
射线。实验在PC机上进行，该PC机的配置为英特尔双核处理
器，2GB内存，花费6h得到全部射线，即追踪每条射线平均耗
时4s。在相同的计算机条件下，该方法花费的时间比其他射线
追踪方法少得多，比如最小走时方法需花费8倍的时长。实际
上，每条射线花费的时间从0.4~80s不等，追踪更深层同相轴
的射线路径花费的时间更多，这是因为随着介质结构越来越复
杂，目标函数越难收敛的缘故。

该射线追踪方法的数据空间是反射点坐标，模型空间是炮点
及检波点坐标，若将射线在炮点和接收点的坐标作为数据空间，
则将反射点坐标作为模型空间，射线追踪时将射线分为炮点到反
射点和接收点到反射点两部分，此时目标函数构造为：

127

$$E(e^2(\theta)) = [x(\theta)-x_R]^2 + [z(\theta)-z_R]^2 + [w(T-T_s-T_r)^2]$$

$$(6-8)$$

式中，$(x_R, z_R)$ 为实际的反射点坐标，$(x(\theta), z(\theta))$ 为计算的反射点坐标，射线分别从炮点和检波点出发。该目标函数的求取与式(6-1)的求取分析类似。

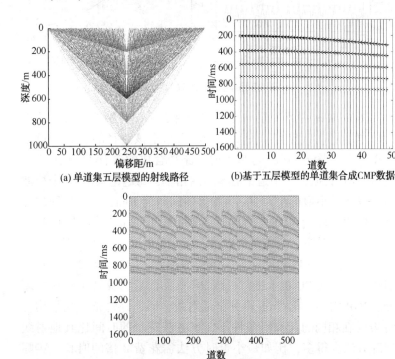

(a) 单道集五层模型的射线路径　　(b)基于五层模型的单道集合成CMP数据

(c)基于五层模型的11个道集的合成记录

图 6-5　单道集五层模型的射线路径及基于五层模型的
多道集及单道集合成记录

## 6.2.2　逐次线性衰减层析成像方法

地震层析成像是一种高分辨率成像方法，可用于刻画精细结构、反演物理参数(如衰减、速度、反射系数等)及探测目标等。

层析成像方法将地下介质划分为离散的一系列网格，利用射线追踪或波动理论等进行正演，通过构造线性方程组进行迭代反演，进而求取每个网格中的待估参数。该方法能精细刻画地下介质，精度高且能用于复杂各向异性介质，是很有前景的一项技术。射线追踪时也需将地下介质进行网格剖分，它要求初始速度光滑，这就需要网格剖分尺度尽可能小，本章中速度模型用 $1m \times 1m$ 的正方形网格进行离散。以图 6-5（c）所示的模型为例，炮点到最远检波器的距离为 500m，深度为 1000m，则该模型离散化后有 $5 \times 10^5$ 个网格，每个网格点包含一个待估参数。而观测值有 $11 \times 49 \times 5 = 2695$ 个，可以构造 2695 个方程，因此该方程组是欠定的，存在多解问题。为了解决多解性问题，我们采用多尺度网格策略，如图 6-6 所示：当进行射线追踪时采用小尺度网格策略，而当进行层析成像时采用大尺度网格策略，其单元大小为 $50m \times 50m$。将网格进行编号，1、2…为小尺度网格编号，①、②…为大尺度网格编号。层析成像时，小尺度网格内的射线采用聚类的方法合并到对应的大尺度网格内。

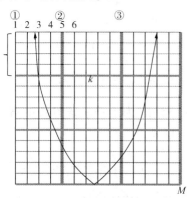

图6-6 多尺度网格剖分示意图

衰减层析成像得到的剖面反映地震波穿过介质时的衰减属性。层析成像方法的关键是求解形如 $\Delta b = A \Delta s$ 的线性方程组，目前基于连续介质推导的 $Q$ 值计算公式是非线性方程，若能将非线性问题线性化，则线性化后的方程组可以通过迭代公式求解，因此非线性方程线性化处理是核心。本章基于 WEPIF 方法和高斯插值权重法，推导了用于反演品质因子 $Q$ 的逐次线性化衰减层析成像方法。下面介绍如何将非线性的 WEPIF 计算公式进行线性化。

假设震源子波可以用含有 4 个参数的常相位子波表示，高静怀和杨森林提出一个用于表征包络峰值瞬时频率（EPIF）与 $Q$ 值之间关系的解析表达式：

$$\frac{1}{Q} \cdot \tau = \frac{4\pi\Delta f_{\mathrm{p}}}{\delta^2 \kappa(\eta)} \tag{6-9}$$

式中，$\kappa(\eta) = 1 - \sqrt{2\pi}\,\eta\phi^{-1}(2\pi\eta)\exp(-2\pi^2\eta^2)$，$\eta = \sigma/2\pi\delta$，$\sigma$ 为调制频率，$\delta$ 为能量衰减因子，$\tau$ 为走时，$\Delta f_{\mathrm{p}}$ 是震源子波的 EPIF 与传播一段距离后接收子波的 EPIF 之差，$\phi(x) = 1/\sqrt{2\pi}\int_{-\infty}^{x}\exp(-t^2/2)\,\mathrm{d}t$ 为正态函数。

式（6-9）是一个非线性方程，地震子波在连续介质中沿弯曲的射线进行传播。下面推导式（6-9）在离散介质中的线性形式。令 $R = \dfrac{4\pi\Delta f_{\mathrm{p}}}{\delta^2\kappa(\eta)}$ 为观测数据，其中的瞬时频率及子波参数均从观测数据中计算得到。令 $R_j$ 为沿第 $j$ 条射线的观测值，根据方程（6-9），$R_j$ 的积分形式为：

$$R_j = \int_{D_j} \frac{1}{Q(x,\,z)}\mathrm{d}t_j \tag{6-10}$$

式中，$D_j$ 是第 $j$ 条射线的传播路径，$(x,\,z)$ 为射线上点的坐标，$\mathrm{d}\tau_j$ 为走时微分。令 $Q_0(x,\,z)$ 为 $Q$ 值的初值或某次迭代后的值，将 $1/Q(x,\,z)$ 在 $Q_0(x,\,z)$ 的邻域 $|Q-Q_0|<\delta Q$ 内进行泰勒级数展开，舍去高阶项而只保留线性项后可得：

$$\frac{1}{Q(x,\,z)} \approx \frac{1}{Q_0(x,\,z)} - \frac{\delta Q(x,\,z)}{Q_0^2(x,\,z)} \qquad (6\text{-}11)$$

将式(6-11)代入式(6-10)得：

$$R_j \approx \int_{D_j} \frac{1}{Q_0(x,\,z)} \mathrm{d}\tau_j - \int_{D_j} \frac{\delta Q(x,\,z)}{Q_0^2(x,\,z)} \mathrm{d}\tau_j \qquad (6\text{-}12)$$

令 $R_{cj} \approx \int_{D_j} \dfrac{1}{Q_0(x,\,z)} \mathrm{d}\tau_j$，$R_{cj}$ 是计算的 EPIF，通过计算正演合

成数据的瞬时频率得到。定义 $\Delta R_j$ 为观测值与计算值的差：

$$\Delta R_j = R_j - R_{cj} = -\int_{D_j} \frac{\delta Q(x,\,z)}{Q_0^2(x,\,z)} \mathrm{d}\tau_j \qquad (6\text{-}13)$$

假设第 $j$ 条射线穿过 $M$ 个网格，式(6-13)可离散为射线在
每个网格中的路径积分的和，即：

$$\Delta R_j = -\sum_{i=1}^{M} \int_{D_{ji}} \frac{\delta Q(x,\,z)}{Q_0^2(x,\,z)} \mathrm{d}\tau_{ji} \qquad (6\text{-}14)$$

式中，$D_{ji}$ 是第 $j$ 条射线在第 $i$ 个网格内的积分路径，$\mathrm{d}\tau_{ji}$ 是第 $j$ 条
射线通过第 $i$ 个网格的走时微分。$\delta Q(x,\,z)$ 是网格内的 $Q$ 值微
元，可表示为网格内的值对网格四个角点值的微分形式：

$$\delta Q(x,\,z) \approx \sum_{l=1}^{4} \frac{\partial Q(x,\,z)}{\partial Q_l} \Delta Q_l \qquad (6\text{-}15)$$

而网格内的品质因子 $Q(x,\,z)$ 由网格四个角点的值用高斯加
权插值公式得到：

$$Q(x,\,z) = \frac{\sum_{k=1}^{4} Q_k W(k,\,x,\,z)}{\sum_{k=1}^{4} W(k,\,x,\,z)} \qquad (6\text{-}16)$$

式中，$Q_k$ 是网格四个角点的值，$W(k,\,x,\,z) = \exp(-r_{k,x,z}^2/\beta^2)$，
$\beta^2 = 1/4 \sum_{k=1}^{4} (r_{k,x,z} - \bar{r}_{k,x,z})^2$，$r_{k,x,z} = [(x_k-x)^2+(z_k-z)^2]^{1/2}$，$k =$
$1,\,\cdots,\,4$，$(x_k,\,z_k)$ 为网格角点坐标，$\bar{r}_{k,x,z}$ 是网格内的点与该网

格四个角点的平均距离。将式(6-16)代入式(6-15)可得:

$$\delta Q(x, z) = \frac{\sum_{k=1}^{4} [W(k, x, z)\Delta Q_k]}{\sum_{k=1}^{4} W(k, x, z)} \tag{6-17}$$

将式(6-17)代入式(6-14)可得:

$$\Delta R_j = -\frac{1}{\sum_{p=1}^{4} W(p, x, z)} \cdot$$

$$\sum_{i=1}^{M} \sum_{k=1}^{4} \int_{D_{ji}} \frac{1}{Q_0^2(x, z)} d\tau_{ji} W(k, x, z) \Delta Q_k \tag{6-18}$$

令

$$t_{jk} = -\frac{1}{\sum_{p=1}^{4} W(p, x, z)} \cdot \int_{D_{ji}} \frac{1}{Q_0^2(x, z)} d\tau_{ji} W(k, x, z)$$

$$\tag{6-19}$$

式中，$t_{jk}$ 为网格角点的计算值微元，用权重 $W(k, x, z)$ 调节值的大小，若第 $j$ 条射线穿过第 $i$ 个网格，则该网格四个角点的计算值微元 $t_{jk} \neq 0$，否则，$t_{jk} = 0$。式(6-18)可简化为:

$$\Delta R_j = \sum_{k=1}^{m} t_{jk} \Delta Q_k \tag{6-20}$$

式中，$\Delta Q_k$ 为第 $k$ 个网格角点上 $Q$ 值的扰动量，$m$ 是总网格个数，式(6-20)的矩阵形式为:

$$\Delta \boldsymbol{R} = \boldsymbol{T} \Delta \boldsymbol{Q} \tag{6-21}$$

式中，$\Delta \boldsymbol{R} = \{\Delta R_j\}_{n \times 1}$，$\boldsymbol{T} = \{t_{jk}\}_{n \times m}$，$\Delta \boldsymbol{Q} = \{\Delta Q_k\}_{m \times 1}$，$\boldsymbol{T}$ 是大型稀疏矩阵，$n$ 是射线个数。

### 6.2.3 用于同相轴自动拾取的倾斜叠加峰值振幅处边缘检测法

走时是衰减和速度层析成像的重要参数之一，我们需要拾取每个同相轴不同偏移距处反射波的走时，包括大偏移距处的同相轴。

可以看出，走时拾取的前提是同相轴拾取，同相轴拾取也是地震解释的重要步骤之一。但由于噪声的影响，大偏移距处道集的信噪比低，拾取连续同相轴比较困难。本章首次提出一种倾斜叠加峰值振幅处边缘检测方法用于同相轴拾取，该方法通过小波变换、Radon变换以及构造超道集等途径提高了信号的信噪比，实现了同相轴的自动拾取。倾斜叠加变换即 Radon 变换，其作用类似滤波器，可以压制噪声。我们在瞬时振幅剖面上进行倾斜叠加变换，因为瞬时振幅剖面相较原始地震记录更加圆滑，包含更多的低频分量，且可滤除部分高频毛刺噪声，而二者的同相轴位置相同。

瞬时振幅的计算公式如下：

$$A(t) = |s(t) + i \cdot H[s(t)]| \qquad (6-22)$$

其中，$H[s(t)] = \mathrm{Im}\left[\int_{-\infty}^{\infty} S(b, a) a^{-1} \mathrm{d}a / \int_0^{\infty} \hat{g}_R(\omega) \omega^{-1} \mathrm{d}\omega\right]$ 为用小波变换计算的信号的解析部分，$A(t)$ 为瞬时振幅的模，$s(t)$ 为一道地震数据，$S(b, a)$ 是地震数据的小波变换，$\hat{g}_R(\omega)$ 为小波函数 $g(t)$ 的 Fourier 变换的实部，$a$ 为尺度因子，$b$ 为平移因子，$s(t)$ 关于 $g(t)$ 的小波变换定义为：

$$S(b, a) = \frac{1}{a} \int_{-\infty}^{+\infty} s(t) \overline{g}\left(\frac{t-b}{a}\right) \mathrm{d}t \qquad (6-23)$$

式中，$t, b \in \boldsymbol{R}$，$a > 0$；$g(t) \in L^1(\boldsymbol{R}, \mathrm{d}t) \cap L^2(\boldsymbol{R}, \mathrm{d}t)$，$\overline{g}(t)$ 是 $g(t)$ 的复共轭。以实际数据为例，图 6-7(a) 为某油田的共炮点道集（CSP），图 6-7(b) 为对应于共炮点道集的瞬时振幅剖面。该共炮点道集共 595 道，最小偏移距为 90m，相邻检波器之间的距离是 10m。共炮点道集是同一炮激发、不同检波器接收的地震道的集合，共接收点道集是不同炮激发、同一检波器接收的道集，对应于图 6-7(a) 所示炮集中的所有检波器构成的共接收点道集共 22546 道，图 6-8(a) 为截取的其中 7 个共接收点道集（CRG），图 6-8(b) 是 CRG 道集的瞬时振幅剖面。从瞬时振幅剖面上可以看出，其信噪比优于原始剖面，且同相轴位置对应于原始剖面的同相轴位置。

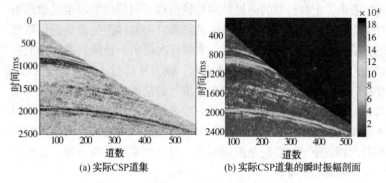

(a) 实际CSP道集　　　　　　　(b) 实际CSP道集的瞬时振幅剖面

图6-7　实际 CSP 道集及其瞬时振幅剖面

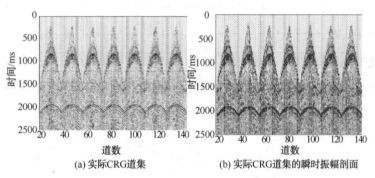

(a) 实际CRG道集　　　　　　　(b) 实际CRG道集的瞬时振幅剖面

图6-8　实际 CRG 道集及其瞬时振幅剖面

倾斜叠加即局部 Radon 变换。本章利用局部线性 Radon 变换求取射线参数。线性 Radon 变换的积分路径是线性的，又称为 $\tau$-$p$ 变换，其频率域的离散形式为：

$$M(f,\ p) = \sum_{m=1}^{nx} \hat{A}(f,\ x_m)\, \mathrm{e}^{j2\pi fpx_m} \tag{6-24}$$

式中，$M(f,\ p) = \int m(\tau,\ p)\, \mathrm{e}^{-j2\pi f\tau}\mathrm{d}\tau$，$\hat{A}(f,\ x_m) = \int A(t,\ x_m)\, \mathrm{e}^{-j2\pi ft}\mathrm{d}t$ 为瞬时振幅 $A(t,\ x_m)$ 的傅里叶变换，$x_m$ 为参考道，$m(\tau,\ p)$ 是时间域的 Radon 变换。局部线性 Radon 变换的计算过程如图6-9所示：在瞬时振幅剖面上选定参考道，对于参考道上的某个时间截距 $\tau_j$，将参考

道附近的几道沿 $n_p$ 个具有不同斜率 $p_j(j=1, 2, \cdots, n_p)$ 的直线(斜率以 $\Delta p$ 为间隔采样)进行叠加,计算该时间截距处瞬时振幅沿不同方向叠加的和,将该叠加值记录在 $\tau-p$ 坐标轴相应的位置 $(\tau_j, p_j)$ 上,当选取的叠加斜率与同相轴的斜率接近或相等时, $t-x$ 域中的记录沿该直线的叠加值最大。将最大叠加值的平均值放置在 $t-x$ 域(时间-距离域)中的对应位置 $(\tau_j, x_m)$ 上,可以构造一个超道集以增加信噪比,称该剖面为倾斜叠加峰值振幅剖面,对应于最大叠加值的斜率同样放置在 $t-x$ 域的对应位置上,构成射线梯度剖面。线性 Radon 变换的计算方法有很多种,本章采用高精度频率-空间域矩阵相乘法计算。进行 Radon 变换前,将时间域的瞬时振幅数据补零以增加频率分辨率,本章中补零长度为数据长度的 3 倍。

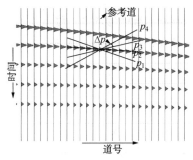

图 6-9　Radon 变换示意图

　　反射斜率,即炮点射线参数 $p_s$ 和接收点射线参数 $p_g$,是指射线到达地表时的梯度,也是慢度,如图 6-1 所示。由局部 Radon 变换求取的斜率就是射线参数 $p_s$ 和 $p_g$,分别从叠前 CSP 及 CRG 道集中拾取。基于 CSP 道集得到的梯度剖面称为射线参数 $p_s$ 剖面,如图 6-10(a)所示;基于 CRG 道集得到的剖面称为射线梯度 $p_g$ 剖面,如图 6-10(b)所示。在图 6-10(a)上可看到与同相轴位置对应的清晰规则的斜率值,且由左向右有逐渐增大的趋势,这与实际观测系统吻合,说明随着偏移距的增大,射线梯度也增大。

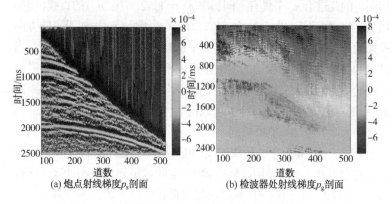

(a) 炮点射线梯度$p_s$剖面　　　　　(b) 检波器处射线梯度$p_g$剖面

图 6-10　炮点射线梯度$p_s$剖面及接收点射线梯度$p_g$剖面

　　由局部 Radon 变换得到的倾斜叠加峰值振幅剖面如图 6-11(a)所示，由该剖面可以看出，与瞬时振幅剖面相比，二者的同相轴位置相吻合，倾斜叠加峰值振幅剖面的同相轴更清晰，干扰被有效压制，这是由于当沿梯度方向叠加参考道邻域内的几道数据时，噪声被进一步过滤的缘故。边缘检测用来识别重要属性和结构变化，它能够剔除不相关的数据，减少数据信息量，是特征提取中重要的研究方向。图 6-11(b)是基于倾斜叠加峰值振幅剖面得到的边缘检测剖面。

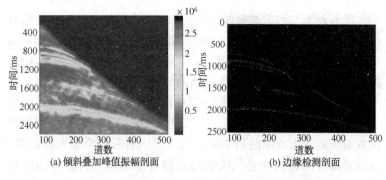

(a) 倾斜叠加峰值振幅剖面　　　　　(b) 边缘检测剖面

图 6-11　倾斜叠加峰值振幅剖面及边缘检测剖面

该边缘检测剖面由 Matlab 中的 edge 函数利用 canny 微分算子得到，可以看出，用该算子提取的边缘清晰且精确，完整度及连接性较好，从边缘检测剖面上可拾取局部连续同相轴及对应的走时。该同相轴拾取方法有效压制了噪声，克服了现有方法难以在大偏移距内拾取连续同相轴的困难，且操作方便，实现了同相轴自动拾取。

由 $p_s$、$p_g$ 及反射点可以唯一确定一条完整的射线。得到 $p_s$、$p_g$ 及走时等参数后，可根据方程（6-25）计算控制方向接收（CDR）的速度：

$$v_{CDR}^2 = \frac{1-h(p_s-p_g)/t}{(p_s-p_g)t/4h+p_sp_g} \tag{6-25}$$

式中，$h$ 是半偏移距，$t$ 是走时。根据方程（6-26）计算反射点的横坐标和深度：

$$x_R = x + \frac{vt\tan\varphi/2}{\sqrt{1-4h^2/(vt)^2+\tan^2\varphi}}, \quad z_R = \frac{vt[1-(2h/vt)^2]/2}{\sqrt{1-4h^2/(vt)^2+\tan^2\varphi}} \tag{6-26}$$

式中，$\varphi$ 是界面的倾角，$x$ 是炮检距的中点，$v=v_{CDR}$。根据同相轴不同偏移距处的反射点 $(x_R, z_R)$ 和走时 $T$，可用多项式拟合得到反射界面的位置：

$$p_{ref}(z) = a_0z_R^n+a_1z_R^{n-1}+\cdots+a_{n-1}z_R+a_n \tag{6-27}$$

式中，$p_{ref}$ 是反射界面的位置，$n$ 是深度的幂，$a_0$，$a_1$，$\cdots$，$a_n$ 是多项式的系数。幂和系数用最小二乘法反演得到。多项式拟合及深度偏移示意图如图6-12所示，在已知层位的介质中用射线追踪法求取波的传播路径并通过迭代计算正确的速度模型和衰减模型，计算下一界面的位置时，首先根据拾取的梯度计算当前层中波的传播路径，然后将波在当前界面上的终点作为子震源和子接收器，利用自适应角度步长射线追踪法求取下一层的射线路径及正确的速度模型和衰减模型。如此反复，逐层计算界面位置。最后，用求取的射线路径和参数模型进行深度偏移。衰减层析成像

137

的流程图如图 6-13 所示。

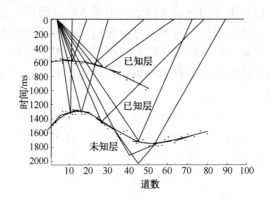

图 6-12　多项式拟合及深度偏移示意图

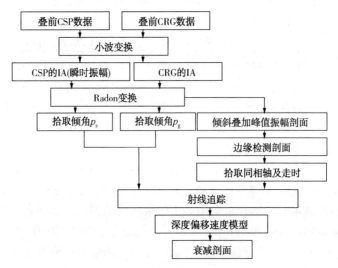

图 6-13　衰减层析成像流程图

### 6.2.4　层析成像反演算法

式(6-21)所示的方程组可用迭代反演法计算。学者们研究了多种反演方法，常用的有 ART(代数重建法)，SIRT(联合迭代

重建法)及 LSQR(最小二乘 QR 因子分解法)等,本章用这三种
方法求解方程组,并比较了三种算法的优劣。下面简要介绍这三
种算法。

1)ART 法的迭代公式

为求取方程(6-21)的解,若初值为 $Q^{(0)}$,第 $p$ 次迭代后的
近似解是 $Q^{(p)}$,则第 $j$ 个方程(第 $j$ 条射线)的残差为 $r_j^{(p)}$:

$$r_j^{(p)} = R_j - \sum_{k=1}^{m} t_{jk} Q_k^p \tag{6-28}$$

式中,$t_{jk}$ 由公式(6-19)定义,$R_j$ 是观测值,$m$ 为划分的网格总
数。第($p$+1)次迭代中求取近似解的公式为:

$$Q_k^{(p+1)} = Q_k^{(p)} + t_{jk} r_j^{(p)} / \sum_{i=1}^{m} t_{ji}^2 \tag{6-29}$$

ART 方法是先将第一个方程的 $Q$ 值修正后,将修正后的值
代入第二个方程,依次循环,直到所有方程都修正完毕,再将修
正值代入第一个方程进行第二轮循环,直到残差满足精度要求后
停止迭代。

2)SIRT 法的迭代公式

SIRT 法解式(6-21)的递归公式为:

$$\begin{cases} Q_k^{(p+1)} = Q_k^{(p)} + \dfrac{\eta}{\lambda_k} \sum_j \dfrac{t_{jk} r_j^{(p)}}{p_j} & 0 < \eta < 2 \\ \lambda_k = \sum_j |t_{jk}|^{\alpha}, \ p_j = \sum_i |t_{ji}|^{2-\alpha} & 0 \leq \alpha \leq 2 \end{cases} \tag{6-30}$$

式中,$r_j$ 是残差,$\eta$ 是影响收敛速度的松弛因子,0<$\eta$<2 时收敛。
SIRT 不是按照方程顺序逐个修正参数值,而是针对某个网格点,
利用通过这个网格的所有射线方程的平均修正值来更新这个网格
点的值,这样可以消除干扰因素,所有网格点依次循环后完成一
轮迭代。

3)LSQR 法的迭代公式

LSQR 方法利用 Lanczos 方法解最小二乘问题,是一种投影

方法，求解中利用了 QR 因子分解法，其流程如下：

（1）初始化：

$$\beta_1 u_1 = R, \quad \alpha_1 v_1 = T^T u_1, \quad w_1 = v_1, \quad Q_0 = 0,$$
$$d_1 = 0, \quad \gamma_1 = 0, \quad \overline{\gamma}_1 = 0, \quad \overline{\varphi}_1 = \beta_1, \quad \overline{\rho}_1 = \alpha_1。 \qquad (6-31)$$

（2）QR-分解：

$$\gamma_{i+1} \boldsymbol{u}_{i+1} = T \boldsymbol{v}_i - \alpha_i \boldsymbol{u}_i, \quad \overline{\gamma}_{i+1} \boldsymbol{d}_{i+1} = \lambda \boldsymbol{v}_i - \alpha_i \boldsymbol{d}_i,$$
$$\beta_{i+1} = (\gamma_{i+1}^2 + \overline{\gamma}_{i+1}^2)^{1/2}, \quad \boldsymbol{u}_{i+1} = \gamma_{i+1} \boldsymbol{u}_{i+1} / \beta_{i+1},$$
$$\boldsymbol{d}_{i+1} = \overline{\gamma}_{i+1} \boldsymbol{d}_{i+1} / \beta_{i+1}, \quad \boldsymbol{v}_{i+1} = \lambda \boldsymbol{d}_{i+1} - \beta_{i+1} \boldsymbol{v}_i, \qquad (6-32)$$
$$\alpha_{i+1} \boldsymbol{v}_{i+1} = T^T \boldsymbol{u}_{i+1} - \boldsymbol{v}_{i+1}。$$

（3）计算参数：

$$\rho_i = (\overline{\rho}_i^2 + \beta_{i+1}^2)^{1/2}, \quad c_i = \overline{\rho}_i / \rho_i, \quad Q_i = \beta_{i+1} / \rho_i,$$
$$\theta_{i+1} = Q_i \alpha_{i+1}, \quad \overline{\rho}_{i+1} = -c_i d_{i+1}, \quad \varphi_i = c_i \overline{\varphi}_i, \quad \overline{\varphi}_{i+1} = Q_i \varphi_i。 \qquad (6-33)$$

（4）迭代公式：

$$\boldsymbol{Q}_i = \boldsymbol{Q}_{i-1} + (\varphi_i / \rho_i) \boldsymbol{w}_i, \quad \boldsymbol{w}_{i+1} = \boldsymbol{v}_{i-1} + (\theta_i / \rho_i) \boldsymbol{w}_i \qquad (6-34)$$

（5）收敛判决条件：

$$r = \| \boldsymbol{R} - \boldsymbol{T}\boldsymbol{Q} \|_2 \qquad (6-35)$$

式中，$\boldsymbol{Q}_i$ 是待估参数，$i$ 是迭代次数，其他是中间变量。

## 6.3 算例

### 6.3.1 数据 1：合成叠前单道集 CMP 数据

首先用合成叠前单道集 CMP 数据检验提出的方法的有效性。假设震源子波用含 4 个参数的常相位子波近似：

$$u(0, t) = A \left( \frac{\delta^2}{\pi} \right)^{1/4} \exp \left[ i(\sigma t + \varphi) - \frac{(\delta t)^2}{2} \right] \qquad (6-36)$$

式中，$A$ 是振幅，$\varphi$ 是相位。图 6-14(f) 是理论速度和 $Q$ 值。对于图 6-5(b) 所示的单个叠前 CMP 道集，用 ART 法、SIRT 法及 LSQR 方法估计的衰减剖面如图 6-14(a)、图 6-14(c) 和图 6-14(e) 所示。

由图 6-14 可知，衰减剖面上存在盲区，这是因为最大偏移距有限，射线无法覆盖整个介质，只有当射线穿过某个网格时该网格的值才更新，且对于一个网格来说，通过的具有不同入射角的射线越多，该网格内的值估计得越准确。图 6-14(b) 和图 6-14(d) 是剔除背景值后 ART 方法和 SIRT 方法估计的衰减曲线。分析可得，ART 算法最优，SIRT 算法次之，LSQR 算法失效。三种反演算法在反射界面及边界上都存在误差，这是因为边界上网格内通过的射线较稀疏的缘故。

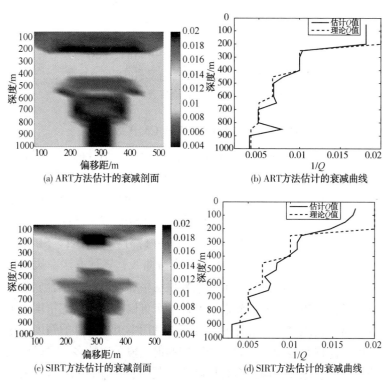

(a) ART方法估计的衰减剖面　　　　(b) ART方法估计的衰减曲线

(c) SIRT方法估计的衰减剖面　　　　(d) SIRT方法估计的衰减曲线

图 6-14　从单道集 CMP 数据中用 ART、SIRT 和
LSQR 方法估计的衰减剖面及去除背景初值后的衰减曲线，
以及五层模型及各层理论参数示意图

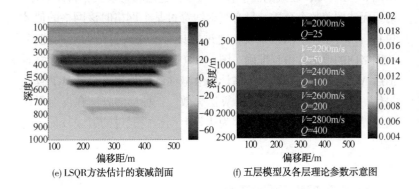

(e) LSQR方法估计的衰减剖面　　　(f) 五层模型及各层理论参数示意图

图 6-14　从单道集 CMP 数据中用 ART、SIRT 和
LSQR 方法估计的衰减剖面及去除背景初值后的衰减曲线，
以及五层模型及各层理论参数示意图(续)

### 6.3.2　数据 2：合成叠前多道集 CMP 数据

对于图 6-5(c)所示的叠前 CMP 多道集，估计的衰减剖面及衰减曲线如图 6-15 所示。由图 6-15(e)可知，LSQR 算法估计的结果最好，有清晰的界面，且误差小于 5%。图 6-15(a)所示的 ART 估计结果优于图 6-15(c)所示的 SIRT 方法估计的结果。图 6-15(b)、图 6-15(d)及图 6-15(f)分别为 ART、SIRT 及 LSQR 方法估计的剔除背景值后的衰减曲线，三种方法在边界上均有误差，这是因为边界上射线穿过网格的密度低。该合成数据验证了提出的方法的有效性，估计结果可以达到要求的精度。可以看出，利用多道集估计的精度高于利用单道集估计的精度，这是因为偏移距范围大，同一个网格的射线覆盖次数多，可以构造的线性方程也多，因此多解性减小。同时，LSQR 方法不适用于严重的欠定问题，当方程个数远小于待估参数的个数时，该方法失效，但当方程个数较多时，LSQR 方法具有很强的优势。

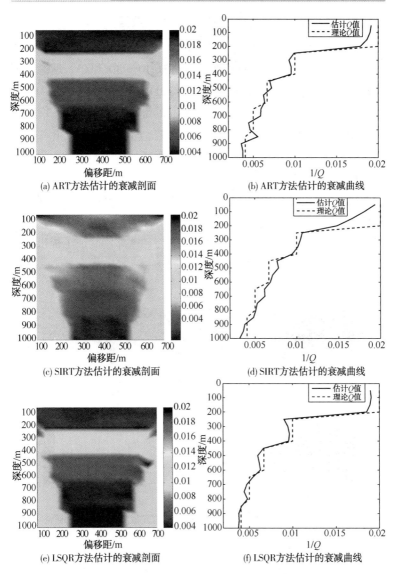

图 6-15 从多道 CMP 记录中用 ART、SIRT 和 LSQR 方法估计的衰减
剖面及去除背景初值后的衰减曲线

### 6.3.3　数据 3：合成叠前倾斜 CMP 数据

最后用叠前倾斜三层合成数据验证了提出的方法的有效性。如图 6-16(a)所示，三个界面的倾角分别为-10°、10° 和 0°，理论 $Q$ 值分别为 25、50、100，理论速度分别为 2200m/s、2400m/s、2800m/s；图 6-16(b)是理论速度示意图和求取的部分射线。图 6-17(a)、图 6-18(a)和图 6-19(a)分别为用 ART 法，SIRT 法及 LSQR 法估计的衰减剖面。由衰减剖面可知，剖面上存在盲区，两个倾斜界面清晰可见。图 6-17(b)、图 6-18(b)和图 6-19(b)是未剔除背景值的衰减曲线。由图可见，SIRT 算法估计的结果最好，衰减的估计误差可以接受，LSQR 方法次之，ART 算法的估计误差较大。然而，三种反演方法在反射界面和边界上均存在误差。该算例验证了提出的方法应用于倾斜层状介质时的有效性。

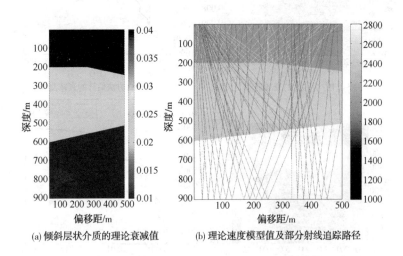

(a) 倾斜层状介质的理论衰减值　　(b) 理论速度模型值及部分射线追踪路径

图 6-16　倾斜层状介质的理论衰减值、
理论速度模型值及部分射线追踪路径

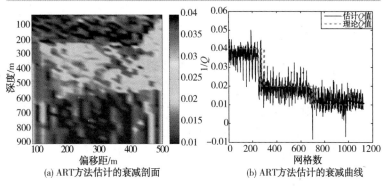

(a) ART方法估计的衰减剖面　　　(b) ART方法估计的衰减曲线

图 6-17　由 ART 方法估计的衰减剖面及未去除背景初值的衰减曲线

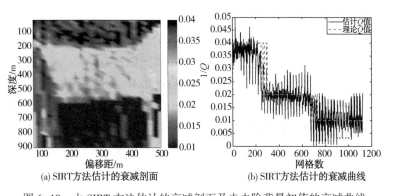

(a) SIRT方法估计的衰减剖面　　　(b) SIRT方法估计的衰减曲线

图 6-18　由 SIRT 方法估计的衰减剖面及未去除背景初值的衰减曲线

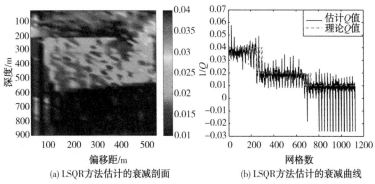

(a) LSQR方法估计的衰减剖面　　　(b) LSQR方法估计的衰减曲线

图 6-19　由 LSQR 方法估计的衰减剖面及未去除背景初值的衰减曲线

## 6.4 小结

本章研究利用叠前反射地震资料估计介质品质因子 $Q$ 的衰减层析成像方法。首先提出一种基于射线方程的快速有效的自适应角度步长射线追踪算法，该方法克服了现有方法中估计精度和计算效率低的困难；用射线追踪算法求取了水平层状及倾斜层状介质中的射线路径，并基于该射线路径合成了叠前 CMP 单道集、多道集以及基于倾斜界面的叠前反射地震数据；结合 WEPIF 方法和高斯加权插值法，推导了逐次线性衰减层析成像算法，该算法将非线性问题线性化，并用 ART 法、SIRT 法和 LSQR 算法求解该大型稀疏线性方程组。同时，首次提出一种新的局部连续同相轴和走时拾取方法，即倾斜叠加峰值振幅处边缘检测法，该方法操作简单且有效，可实现同相轴自动拾取，解决了现有方法在大偏移距内难以拾取连续同相轴的问题。合成叠前 CMP 资料和实际数据验证了提出的方法的有效性和精确性，这些方法对地震衰减估计和油气储层刻画有重要意义。

# 第7章　结论与展望

石油和天然气在未来很长一段时间内依然是全球重要的战略资源，关系到经济发展和国家安全。我国油气资源丰富，可开采资源总量多，但是大部分资源埋藏深、分布隐蔽、勘探难度大，目前石油的对外依存度高，因此若能实现有效的勘探与开发，将改变我国能源依赖进口的现状。目前，油气勘探领域面临新的挑战，呈现出由陆地向深水、由常规油气藏向非常规油气藏、由浅中层向深层发展的趋势，油气勘探要解决的基本问题包括有力储层识别，岩性、物性及储集特征反演，多物理场联合反演等。由地震资料估计的 $Q$ 值和速度作为重要的黏弹性参数，不仅能反映储集特征，还能用于岩性、物性分析及烃类检测等，在油气勘探中具有重要作用。

## 7.1　总结

本书针对已有的 $Q$ 值和速度估计方法的局限和不足展开研究，对直接 $Q$ 值估计方法和反演类 $Q$ 值及速度联合估计方法进行改进及创新，且将成果应用于叠前地面反射资料和零偏 VSP 资料，主要创新工作包括以下几个方面：

（1）提出 EPIFVO 方法及 EPIFM 方法并用于叠前 CMP 资料 $Q$ 值估计。

针对利用叠前 CMP 资料估计介质品质因子时层间走时难拾取的问题，提出利用包络峰值处瞬时频率随偏移距的变化（EPIFVO）估计 $Q$ 值的方法，同时提出利用地震道间有效信号的相干性估计层位信息的方法。该方法用线性拟合方法外推出同相轴零偏移距处的 EPIF，用小波域包络峰值处瞬时频率法

(WEPIF)并结合层位信息估计了零偏移距处的 $Q$ 值。水平层状介质及倾斜层状介质中的合成叠前 CMP 资料、含薄互层的合成叠前 CMP 资料及实际地面反射资料算例表明，该方法无边界效应，可判断衰减与同相轴调谐，计算精度高。

同时，研究了反演类包络峰值瞬时频率匹配技术(EPIFM)，将拾取到的观测数据的 EPIF 与计算数据的 EPIF 之间的误差能量定义为目标函数，用随机逼近法迭代求取 $Q$ 值。合成叠前 CMP 数据算例表明，该方法应用于水平层状介质时具有较高的估计精度。

(2) 提出一种适用于含直达下行波和一次反射上行波的零偏 VSP 资料的波形反演方法，用于反演地下介质的 $Q$ 值和速度。

针对利用直达下行波估计参数时反射界面处易受到上行波干扰的问题，考虑了含直达下行波和一次反射上行波的情况，提出了改进后的高斯-牛顿反演方法，推导了雅克比矩阵的解析表达式和基于传输矩阵的正演方法，在正演过程中同时求取 Fréchet 导数的值以提高运算速度，给出了正演和反演的流程，并讨论了初值的选取方法。合成零偏 VSP 资料和实际资料算例表明，该方法无须先验层位信息，计算速度快，可以压制界面上反射波的干扰。

(3) 提出逐次差分进化算法(DE-S)用于黏弹介质中零偏 VSP 资料高维不可分问题的求解。

针对已有差分进化算法适用于可分模型空间的不足，提出了适用于高维不可分模型空间的 DE-S 方法，给出由上而下和由下而上两种策略逐层优化 $Q$ 值和速度，取消了交叉策略并提出加权变异策略以改进反演精度，同时提出两种可行有效的迭代停止条件以提高计算速度。合成含直达下行波和一次反射上行波的零偏 VSP 数据和实际资料算例表明该方法计算速度和收敛速度快，并且不依赖于初值，估计的衰减和速度精度高，可作为储层识别的辅助判断依据。

（4）提出逐次线性化衰减层析成像方法、自适应角度步长射线追踪方法及倾斜叠加峰值振幅处边缘检测方法用于叠前地面反射资料的 $Q$ 值估计。

该层析成像反演方法中的正演数据基于射线追踪方法得到，针对现有射线追踪方法计算精度和效率低的问题，提出自适应角度步长射线追踪方法；针对大偏移距处连续同相轴难拾取的问题，首次提出一种同相轴自动拾取方法，称为倾斜叠加峰值振幅处边缘检测方法；同时基于 WEPIF 方法和高斯加权插值法提出逐次线性化衰减层析成像方法用于 $Q$ 值反演，利用代数重构法（ART）、联合迭代重构法（SIRT）和最小二乘分解法（LSQR）求取了线性方程组的解。水平层状和倾斜层状合成数据算例表明层析成像方法精度高且效率高。将同相轴拾取方法用于实际资料测试，验证了该同相轴自动拾取方法的有效性，操作简单且能准确拾取同相轴。

## 7.2 展望

地震衰减与很多因素有关，其物理机理仍然是学者们研究的重点，它是比速度更敏感的一个黏弹性参数。地震波的衰减与速度估计涉及非常复杂的问题，如不适定问题、多解性问题、噪声干扰问题等。在前人研究工作的基础上，本文对特定模型、特定地震资料的衰减及速度估计做了一些研究，并取得了一定的突破和进展，但是这只是该领域的一小部分研究工作，提出的方法还有待进一步深化发展，有些问题本文并未涉及。基于作者的理解和已有的研究方法，认为未来的研究工作可在以下几个方面进一步深入研究：

（1）叠前角道集的衰减与速度估计方法研究。角道集即角度域共成像点道集，是没有假象的道集，基于角道集的 $Q$ 值估计及速度分析都将有很好的应用前景。与 AVO 的分析类似，研究基于叠前角道集资料的 QVA/QVO（$Q$ 值随角度/偏移距的变化）

关系，比较在不同岩性、物性及储集特性情况下的差异，总结其变化规律进而指导储层识别和烃类检测。

（2）基于非零偏 VSP 资料的 $Q$ 值和速度估计方法研究。非零偏 VSP 资料的波场非常复杂，可以同时记录直达波、一次反射波、多次波、横波、纵波、转换波等各种波场，波场丰富虽然增加了波场分离的难度，但是其有利的一面是可以尽可能多地利用波场信息估计地下介质的参数。同时，非零偏 VSP 资料相对于零偏 VSP 资料来说，其可探测的地层范围将扩大。利用非零偏 VSP 资料估计 $Q$ 值和速度时，首先用反射率法或波动方程正演合成记录，然后利用衰减及速度联合层析成像方法或波形反演方法估计参数。

（3）多种地震资料、多物理场联合反演衰减与速度的方法研究。VSP 资料与反射地面资料、井间地震资料与反射地面资料相结合，既可以利用地面上炮点与检波器之间的横向变化信息，又可以利用震源与井中接收器之间的纵向变化信息，同时地震波场与大地电磁场、重力场等多种物理场相结合，可以为反演方法提供更多的先验信息及约束条件，有效改善陷入局部极值点及多解性等问题。层析成像方法及全波形反演方法是高精度的反演方法，基于多种地震资料、多物理场的层析成像和偏移成像可以精细刻画地下构造及断层的空间展布。

（4）3D 数据的衰减与速度联合反演及其并行实现。3D 地震资料的数据量大，包含的信息多，而反演类 $Q$ 值及速度估计方法的计算量也较大，因此基于 3D 数据的反演方法非常耗时。随着高性能计算机的发展及 GPU 并行算法的出现，为实现大规模数据处理提供了有力工具。

# 参 考 文 献

[1] 朱光明. 垂直地震剖面方法[M]. 北京: 石油工业出版社, 1988.

[2] Winkler K, Nur A. Pore fluids and seismic attenuation in rocks [J]. Geophysical Research Letters, 1979, 6(1): 1-4.

[3] Toksöz M, Johnston D, Timur A. Attenuation of seismic waves in dry and saturated rocks: I. Laboratory measurements [J]. Geophysics, 1979, 44 (4): 681-690.

[4] 李庆忠. 走向精确勘探的道路[M]. 北京: 石油工业出版社, 1993.

[5] Tonn R. The determination of the seismic quality factor Q from VSP data: a comparison of different computational methods[J]. Geophysical Prospecting, 1991, 39(1): 1-27.

[6] Singleton S, Taner MT, Treitel S. Q Estimation using Gabor-Morlet Joint Time-Frequency Analysis Techniques[C], 2006: 1610-1614.

[7] Parra J, Hackert C, Xu P-C, et al. Attenuation analysis of acoustic waveforms in a borehole intercepted by a sand-shale sequence reservoir[J]. The Leading Edge, 2006, 25(2): 186-193.

[8] Gladwin MT, Stacey F. Anelastic degradation of acoustic pulses in rock [J]. Physics of the Earth and Planetary Interiors, 1974, 8(4): 332-336.

[9] Tyce RC. Estimating acoustic attenuation from a quantitative seismic profiler [J]. Geophysics, 1981, 46(10): 1364-1378.

[10] White R. Partial coherence matching of synthetic seismograms with seismic traces[J]. Geophysical Prospecting, 1980, 28(3): 333-358.

[11] Kjartansson E. Constant Q-wave propagation and attenuation[J]. Journal of Geophysical Research, 1979, 84(B9): 4737-4748.

[12] Quan Y, Harris JM. Seismic attenuation tomography using the frequency shift method[J]. Geophysics, 1997, 62(3): 895-905.

[13] Quan Y, Harris JM. Seismic Attenuation Tomography Based on Centroid Frequency Shift BG2.3[J]. 1993.

[14] Zhang C. Seismic absorption estimation and compensation[J]. 2008.

[15] Zhang C, Ulrych TJ. Estimation of quality factors from CMP records [J]. Geophysics, 2002, 67(5): 1542-1547.

[16] Gao J, Yang S, Wang D, et al. Estimation of quality factor Q from the instantaneous frequency at the envelope peak of a seismic signal[J]. Journal of Computational Acoustics, 2011, 19(02): 155-179.

[17] Huai GJ, Lin YS, Xing WD. Quality factor extraction using instantaneous frequency at envelope peak of direct waves of VSP data[J]. Chinese Journal OF Geophysics, 2008, 51(3): 853-861.

[18] Yang S, Gao J. Seismic attenuation estimation from instantaneous frequency [J]. Geoscience and Remote Sensing Letters, IEEE, 2010, 7(1): 113-117.

[19] Li H, Zhao W, Cao H, et al. Measures of scale based on the wavelet scalogram with applications to seismic attenuation[J]. Geophysics, 2006, 71 (5): V111-V118.

[20] 李宏兵, 赵文智, 曹宏, 等. 小波尺度域含气储层地震波衰减特征 [J]. 地球物理学报, 2004, 47(5): 892-898.

[21] Innanen KA. Local Signal Regularity as a Framework for Q Estimation [C], 2002.

[22] Innanen KA. Local signal regularity and Lipschitz exponents as a means to estimate Q[J]. Journal of seismic exploration, 2003, 12(1): 53-74.

[23] Innanen KAH. Methods for the treatment of acoustic and absorptive/dispersive wave field measurements[M], 2003.

[24] Reine C, van der Baan M, Clark R. The robustness of seismic attenuation measurements using fixed-and variable-window time-frequency transforms [J]. Geophysics, 2009, 74(2): WA123-WA135.

[25] 朱定, 闵小刚, 顾汉明. 基于主频偏移反演地层的吸收系数[J]. 勘探地球物理进展, 2006, 29(1): 30-33.

[26] Dasgupta R, Clark RA. Estimation of Q from surface seismic reflection data [J]. Geophysics, 1998, 63(6): 2120-2128.

[27] 王小杰. 基于叠前地震资料地层吸收参数提取方法研究[D]. 东营: 中国石油大学, 2009.

[28] Hackert CL, Parra JO. Improving Q estimates from seismic reflection data using well-log-based localized spectral correction[J]. Geophysics, 2004, 69(6): 1521-1529.

［29］Ekanem A，Wei J，Li XY，et al. P - wave attenuation anisotropy in frac-
tured media：A seismic physical modelling study［J］. Geophysical Prospec-
ting，2012.

［30］Chichinina T，Sabinin V，Ronquillo-Jarillo G. QVOA analysis：P-wave
attenuation anisotropy for fracture characterization［J］. Geophysics，2006，
71(3)：C37-C48.

［31］Chichinina T，Sabinin V，Ronquillo-Jarillo G. QVOA analysis as an in-
strument for fracture characterization［C］，2005.

［32］Reine C，Clark R，van der Baan M. Robust prestack Q-determination
using surface seismic data：Part 2-3D case study［J］. Geophysics，2012，
77(1)：B1-B10.

［33］Tarantola A. Inversion of seismic reflection data in the acoustic
approximation［J］. Geophysics，1984，49(8)：1259-1266.

［34］Tarantola A. Inverse problem theory and methods for model parameter esti-
mation［M］：siam，2005.

［35］Toksöz MN，Johnston DH. Seismic wave attenuation ［M］：Soc of
Exploration Geophysicists，1981.

［36］Pratt G，Shin C. Gauss - Newton and full Newton methods in frequency -
space seismic waveform inversion［J］. Geophysical Journal International，
1998，133(2)：341-362.

［37］Shin C，Yoon K，Marfurt KJ，et al. Efficient calculation of a partial-de-
rivative wavefield using reciprocity for seismic imaging and inversion［J］.
Geophysics，2001，66(6)：1856-1863.

［38］Sambridge M，Tarantola A，Kennett B. An alternative strategy for non-
linear inversion of seismic waveforms［J］. Geophysical Prospecting，1991，
39(6)：723-736.

［39］Vigh D，Starr EW，Kapoor J. Developing earth models with full waveform
inversion［J］. The Leading Edge，2009，28(4)：432-435.

［40］Rickett J. Estimating attenuation and the relative information content of am-
plitude and phase spectra［J］. Geophysics，2007，72(1)：R19-R27.

［41］Stewart RR. Iterative One-Dimensional Waveform Inversion of VSP Data
［C］，1983.

[42] Amundsen L, Mittet R. Estimation of phase velocities and Q-factors from zero-offset vertical seismic profile data[J]. Geophysics, 1994, 59(4): 500-517.

[43] 高静怀, 汪超, 赵伟. 用于零偏移距 VSP 资料的自适应波形反演方法研究[J]. 地球物理学报, 2009, (12): 3091-3100.

[44] Virieux J, Operto S. An overview of full-waveform inversion in exploration geophysics[J]. Geophysics, 2009, 74(6): WCC1-WCC26.

[45] Dorigo M, Maniezzo V, Colorni A. Ant system: optimization by a colony of cooperating agents[J]. Systems, Man, and Cybernetics, Part B: Cybernetics, IEEE Transactions on, 1996, 26(1): 29-41.

[46] Kennedy J, Eberhart R. Particle swarm optimization [C]: Perth, Australia, 1995: 1942-1948.

[47] Zong-yuan ZYhM. A New Search Algorithm for Global Optimization: Population Migration Algorit hm(I)[J]. Journal of South China University of Technology(Natural Science), 2003, 3.

[48] Rothman DH. Automatic estimation of large residual statics corrections [J]. Geophysics, 1986, 51(2): 332-346.

[49] Rothman DH. Nonlinear inversion, statistical mechanics, and residual statics estimation[J]. Geophysics, 1985, 50(12): 2784-2796.

[50] Jakobsen M, Mosegaard K, Pedersen J. Global model optimization in reflection seismology by simulated annealing[J]. Model Optimization in Exploration Geophysics, 1988, 2: 361.

[51] Jervis M, Stoffa PL, Sen MK. 2 - D migration velocity estimation using a genetic algorithm [J]. Geophysical Research Letters, 1993, 20(14): 1495-1498.

[52] Varela CL, Stoffa PL, Sen MK. Background velocity estimation using nonlinear optimizationfor reflection tomography and migration misfit [J]. Geophysical Prospecting, 1998, 46(1): 51-78.

[53] Landa E, Beydoun W, Tarantola A. Reference velocity model estimation from prestack waveforms: Coherency optimization by simulated annealing [J]. Geophysics, 1989, 54(8): 984-990.

[54] Mosegaard K, Sambridge M. Monte Carlo analysis of inverse problems [J].

Inverse Problems, 2002, 18(3): R29.

[55] Mosegaard K, Singh S, Snyder D, et al. Monte Carlo analysis of seismic reflections from Moho and the W reflector[J]. Journal of Geophysical Research: Solid Earth(1978 – 2012), 1997, 102(B2): 2969–2981.

[56] Mosegaard K, Tarantola A. Monte Carlo sampling of solutions to inverse problems[J]. Journal of Geophysical Research: Solid Earth (1978 – 2012), 1995, 100(B7): 12431–12447.

[57] Mosegaard K, Vestergaard PD. a Simulated Annealing Approach to Seismic Model Optimization with Sparse Prior Information[J]. Geophysical Prospecting, 1991, 39(5): 599–611.

[58] Sen MK, Stoffa PL. Nonlinear one–dimensional seismic waveform inversion using simulated annealing[J]. Geophysics, 1991, 56(10): 1624–1638.

[59] Price KV. Differential evolution: a fast and simple numerical optimizer [C]: IEEE, 1996: 524–527.

[60] Wang C, Gao J. High–Dimensional Waveform Inversion With Cooperative Coevolutionary Differential Evolution Algorithm[J]. Geoscience and Remote Sensing Letters, IEEE, 2012, 9(2): 297–301.

[61] Wang C, Gao J. A new differential evolution algorithm with cooperative co-evolutionary selection operator for waveform inversion[C]: IEEE, 2010: 688–690.

[62] Feoktistov V, Janaqi S. Generalization of the strategies in differential evolution[C]: IEEE, 2004: 165.

[63] Kaelo P, Ali M. A numerical study of some modified differential evolution algorithms[J]. European journal of operational research, 2006, 169(3): 1176–1184.

[64] Bergey PK, Ragsdale C. Modified differential evolution: a greedy random strategy for genetic recombination[J]. Omega, 2005, 33(3): 255–265.

[65] Lee MH, Han C, Chang KS. Dynamic optimization of a continuous polymer reactor using a modified differential evolution algorithm[J]. Industrial & Engineering Chemistry Research, 1999, 38(12): 4825–4831.

[66] Fan H–Y, Lampinen J. A trigonometric mutation operation to differential e-volution[J]. Journal of Global Optimization, 2003, 27(1): 105–129.

［67］Wang F-S, Jing C-H, Tsao GT. Fuzzy-decision-making problems of fuel ethanol production using a genetically engineered yeast［J］. Industrial & Engineering Chemistry Research, 1998, 37(8): 3434-3443.

［68］Lin Y-C, Hwang K-S, Wang F-S. Co-evolutionary hybrid differential evolution for mixed-integer optimization problems［J］. Engineering Optimization, 2001, 33(6): 663-682.

［69］Lin Y-C, Hwang K-S, Wang F-S. A mixed-coding scheme of evolutionary algorithms to solve mixed-integer nonlinear programming problems［J］. Computers & Mathematics with Applications, 2004, 47(8): 1295-1307.

［70］Zaharie D. Control of population diversity and adaptation in differential evolution algorithms［C］, 2003: 41-46.

［71］Zaharie D. A multipopulation differential evolution algorithm for multimodal optimization［C］, 2004: 17-22.

［72］Chiou J-P, Chang C-F, Su C-T. Ant direction hybrid differential evolution for solving large capacitor placement problems［J］. Power Systems, IEEE Transactions on, 2004, 19(4): 1794-1800.

［73］Chiou J-P, Chang C-F, Su C-T. Variable scaling hybrid differential evolution for solving network reconfiguration of distribution systems［J］. Power Systems, IEEE Transactions on, 2005, 20(2): 668-674.

［74］刘波, 王凌, 金以慧. 差分进化算法研究进展［J］. 控制与决策, 2007, 22(7): 721-729.

［75］Gallagher K. Evolving temperature histories from apatite fission-track data ［J］. Earth and Planetary Science Letters, 1995, 136(3): 421-435.

［76］Gallagher K, Sambridge M. Genetic algorithms: a powerful tool for large-scale nonlinear optimization problems ［J］. Computers & Geosciences, 1994, 20(7): 1229-1236.

［77］Gallagher K, Sambridge M, Drijkoningen G. Genetic algorithms: An evolution from Monte Carlo Methods for strongly non-linear geophysical optimization problems ［J］. Geophysical Research Letters, 1991, 18(12): 2177-2180.

［78］Gallagher K, Ramsdale M, Lonergan L, et al. The role of thermal conduc-

156

tivity measurements in modelling thermal histories in sedimentary basins [J]. Marine and Petroleum Geology, 1997, 14(2): 201-214.

[79] Wilson WG, Vasudevan K. Application of the genetic algorithm to residual statics estimation [J]. Geophysical Research Letters, 1991, 18 (12): 2181-2184.

[80] Smith AF, Roberts GO. Bayesian computation via the Gibbs sampler and related Markov chain Monte Carlo methods[J]. Journal of the Royal Statistical Society Series B(Methodological), 1993: 3-23.

[81] Smith AF. Bayesian computational methods [J]. Philosophical Transactions of the Royal Society of London Series A: Physical and Engineering Sciences, 1991, 337(1647): 369-386.

[82] Smith ML, Scales JA, Fischer TL. Global search and genetic algorithms [J]. The Leading Edge, 1992, 11(1): 22-26.

[83] Sen MK, Stoffa PL. Global optimization methods in geophysical inversion [M]: Elsevier, 1995.

[84] Sen MK, Stoffa PL. Rapid sampling of model space using genetic algorithms: examples from seismic waveform inversion [J]. Geophysical Journal International, 1992, 108(1): 281-292.

[85] Sambridge M, Drijkoningen G. Genetic algorithms in seismic waveform inversion[J]. Geophysical Journal International, 1992, 109(2): 323-342.

[86] Metropolis N, Ulam S. The monte carlo method [J]. Journal of the American statistical association, 1949, 44(247): 335-341.

[87] Thomson W. Analogue computers for stochastic processes [C], 1957: 54-57.

[88] Metropolis N, Rosenbluth A, Rosenbluth M, et al. Simulated annealing [J]. Journal of Chemical Physics, 1953, 21: 1087-1092.

[89] Press F. Earth models consistent with geophysical data[J]. Physics of the Earth and Planetary Interiors, 1970, 3: 3-22.

[90] Press F. Earth models obtained by Monte Carlo inversion[J]. Journal of Geophysical Research, 1968, 73(16): 5223-5234.

[91] Press F. Regionalized earth models[J]. Journal of Geophysical Research, 1970, 75(32): 6575-6581.

[92] Wiggins RA. The general linear inverse problem: Implication of surface waves and free oscillations for earth structure[J]. Reviews of Geophysics, 1972, 10(1): 251-285.

[93] Wiggins RA. Monte Carlo inversion ofbody - wave observations[J]. Journal of Geophysical Research, 1969, 74(12): 3171-3181.

[94] Sambridge M, Mosegaard K. Monte Carlo methods in geophysical inverse problems[J]. Reviews of Geophysics, 2002, 40(3): 3-1-3-29.

[95] 王辉, 常旭. 井间地震波衰减成像的几种方法[J]. 地球物理学进展, 2001, 16(1): 104-109.

[96] 王辉, 常旭. 时间域相邻道地震波衰减成像研究[J]. 地球物理学报, 2001, 44(3): 396-403.

[97] Mora P. Inversion = migration + tomography[J]. Geophysics, 1989, 54(12): 1575-1586.

[98] Brzostowski MA, McMechan GA. 3-D tomographic imaging of near-surface seismic velocity and attenuation[J]. Geophysics, 1992, 57(3): 396-403.

[99] Leggett M, Sandham W, Durrani T. Seismic event classification using a self-organising Kohonen network: Proc. IEE[C], 1993.

[100] Legget M, Sandham W, Durrani T. 3D horizon tracking using artificial neural networks[J]. First Break, 1996, 14(11).

[101] Leggett M, Sandham W, Durrani T. 3D Seismic horizon tracking using an artificial neural network[C], 1994.

[102] Leggett M, Smyth M, Manning A, et al. Neural networks and paper seismic interpretation[J]. 1995.

[103] Leggett M, Woodham C, Sandham W, et al. Seismic event tracking with PDA in an interpretation environment: Proc. 7th Internat. Conf[J]. Eur Assoc Sig Proc, 1994: 225-228.

[104] 渡边俊树, 佐佐宏一. 使用地震波初至振幅的衰减层析成像法[J]. 国外油气勘探, 1994, 589-599.

[105] Ward RW, Toksöz MN. Causes of regional variation of magnitudes[J]. Bulletin of the Seismological Society of America, 1971, 61(3): 649-670.

[106] Sears FM, Bonner BP. Ultrasonic attenuation measurement by spectral

ratios utilizing signal processing techniques[J]. Geoscience and Remote Sensing, IEEE Transactions on, 1981, (2): 95-99.

[107] Plessix R-E. Estimation of velocity and attenuation coefficient maps from crosswell seismic data[J]. Geophysics, 2006, 71(6): S235-S240.

[108] Pratt R, Hou F, Bauer K, et al. Waveform tomography images of velocity and inelastic attenuation from the Mallik 2002 crosshole seismic surveys [J]. Bulletin-Geological Survey of Canada, 2005, 585: 122.

[109] Hicks GJ, Pratt RG. Reflection waveform inversion using local descent methods: Estimating attenuation and velocity over a gas-sand deposit [J]. Geophysics, 2001, 66(2): 598-612.

[110] Watanabe T, Nihei KT, Nakagawa S, et al. Viscoacoustic wave form inversion of transmission data for velocity and attenuation[J]. The Journal of the Acoustical Society of America, 2004, 115(6): 3059-3067.

[111] Gao F, Levander A, Pratt RG, et al. Waveform tomography at a groundwater contamination site: Surface reflection data[J]. Geophysics, 2007, 72(5): G45-G55.

[112] Gao F, Levander AR, Pratt RG, et al. Waveform tomography at a groundwater contamination site: VSP-surface data set[J]. Geophysics, 2006, 71(1): H1-H11.

[113] Liao Q, McMechan GA. Tomographic imaging of velocity and Q, with application to crosswell seismic data from the Gypsy Pilot Site, Oklahoma [J]. Geophysics, 1997, 62(6): 1804-1811.

[114] Sword Jr CH. Tomographic determination of interval velocities from reflection seismic data: The method of controlled directional reception [D]: Stanford University, 1987.

[115] Cavalca M, Moore I, Zhang L, et al. Ray-based tomography for Q estimation and Q compensation in complex media[C], 2011.

[116] 严又生, 宜明理, 魏新, 等. 井间地震速度和Q值联合层析成像及应用[J]. 石油地球物理勘探, 2001, 36(1): 9-17.

[117] 周建宇. 井间地震研究与应用[D]. 兰州: 中国科学院研究生院(兰州地质研究所), 2002.

[118] 赵连锋. 井间地震波速与衰减联合层析成像方法研究[D]. 成都: 成

都理工大学工学博士学位论文，2002，12.

[119] 井西利，杨长春，王世清．一种改进的地震反射层析成像方法[J]．地球物理学报，2007，50(6)：1831-1836.

[120] 黄剑航．反射波走时及其梯度层析成像方法研究[D]．厦门：厦门大学，2008.

[121] 谢里夫 RE，吉尔达特 L. P. 勘探地震学[M]．北京：石油工业出版社，1999.

[122] 李庆忠．走向精确勘探的道路—高分辨地震勘探系统工程剖析[M]．北京：石油工业出版社，1994.

[123] 李振春，王清振．地震波衰减机理及能量补偿研究综述[J]．地球物理学进展，2007，22(4)：1147-1152.

[124] Jones TD. Pore fluids and frequency-dependent wave propagation in rocks [J]．Geophysics，1986，51(10)：1939-1953.

[125] 安艺敬一，P. G. 理查兹．定量地震学理论和方法[M]．北京：地震出版社，1987.

[126] 高静怀，杨森林，王大兴．利用 VSP 资料直达波的包络峰值处瞬时频率提取介质品质因子[J]．地球物理学报，2008，51(3)：853-861.

[127] 高静怀，杨森林．利用零偏移 VSP 资料估计介质品质因子方法研究[J]．地球物理学报，2007，50(4)：1198-1209.

[128] GAO JH, YANG SL. On the Method of Quality Factors Estimation from Zero - offset VSP Data[J].Chinese Journal of Geophysics，2007，50(4)：1026-1040.

[129] Gao J, Yang S, Wang D, et al. Quality factors estimation using wavelet's envelope peak instantaneous frequency[C]：Society of Exploration Geophysicists，2009.

[130] Barnes AE. Instantaneous frequency and amplitude at the envelope peak of a constant-phase wavelet[J].Geophysics，1991，56(7)：1058-1060.

[131] Sheriff RE. Encyclopedic dictionary of exploration geophysics [M]: Society of Exploration Geophysicists Tulsa, OK, 1973.

[132] Dasios A, Astin T, McCann C. Compressional - wave Q estimation from full - waveform sonic data[J].Geophysical Prospecting，2001，49(3)：

353-373.

［133］罗伟新. 单界面反射的反射波法频率域解释方法的研究［J］. 地球物理学报，1997，40(4)：580-588.

［134］高静怀，毛剑，满蔚仕，等. 叠前地震资料噪声衰减的小波域方法研究［J］. 地球物理学报，2006，49(4)：1155-1163.

［135］Yilmaz Ö, Doherty SM. Seismic data processing［M］：Society of Exploration Geophysicists Tulsa，1987.

［136］李录明，李正文. 地震勘探原理，方法和解释［M］. 北京：地质出版社，2007.

［137］聂勋碧，钱宗良. 地震勘探原理和野外工作方法［M］. 北京：地质出版社，1990.

［138］曹辉，郭全仕，唐金良，等. 井间地震资料特点分析［J］. 勘探地球物理进展，2006，29(5)：312-317.

［139］何惺华. 井间地震资料中的横波信息［J］. 石油物探，2004，42(3)：374-378.

［140］孔庆丰，左建军，魏国华，等. 井间地震资料处理方法研究与应用［J］. 物探与化探，2007，30(6)：533-537.

［141］乔玉雷，王延光，李九生，等. 对井间地震反射波成像资料的初步认识［J］. 石油物探，2006，45(3)：272-276.

［142］何惺华. 对井间地震反射波的分析［J］. 石油物探，2006，45(5)：520-526.

［143］Ricker N. The form and laws of propagation of seismic wavelets［J］. Geophysics，1953，18(1)：10-40.

［144］Winkler KW, Nur A. Seismic attenuation：Effects of pore fluids and frictional-sliding［J］. Geophysics，1982，47(1)：1-15.

［145］Sheriff RE, Geldart LP. Exploration seismology［M］：Cambridge university press Cambridge，1982.

［146］YH W. Seismic inverse Q filtering［J］. Oxford：Blackwell Publishing，，2008.

［147］Rao Y, Wang Y. The strategies for attenuation inversion with waveform tomography［C］. 2008.

［148］Yan H, Liu Y. Estimation of Q and inverse Q filtering for prestack reflected PP-and converted PS-waves[J]. Applied Geophysics, 2009, 6 (1): 59-69.

[149] Zhang X, Han L, Zhang F, et al. An inverse Q-filter algorithm based on stable wavefield continuation[J]. Applied Geophysics, 2007, 4 (4): 263-270.

[150] Chen S, Wang Y. Inverse Q Filtering in 3D PP and P-SV Seismic Data-A Case Study from Sichuan Basin, China[C], 2008.

[151] Wang Y. The effectiveness of stable inverse Q filtering to land seismic [C], 2002.

[152] 陈世军, 刘洪, 周建宇, 等. 井间地震技术的现状与展望[J]. 地球物理学进展, 2003, 18(3): 524-529.

[153] 高林, 孙刚. 地球物理业的市场经济浅析[J]. 石油物探译丛, 1996, (3): 47-53.

[154] 赵静, 高静怀, 王大兴, 等. 利用叠前 CMP 资料估计介质品质因子 [J]. 地球物理学报, 2013, 56(7): 2413-2428.

[155] Pujol J. Elastic wave propagation and generation in seismology [M]. Cambridge University Press, 2003.

[156] Aki K, Richards PG. Quantitative seismology: Theory and methods, 1 [J]. I: WH Freeman and Co, 1980.

[157] Barnes AE. Instantaneous spectral bandwidth and dominant frequency with applications to seismic reflection data[J]. Geophysics, 1993, 58(3): 419-428.

[158] 陆基孟. 地震勘探原理[J]. 东营: 石油大学出艇牡, 1993, 21.

[159] Hubral P, Krey T, Larner KL. Interval velocities from seismic reflection time measurements[M]: Society of Exploration Geophysicists Tulsa, Oklahoma, 1980.

[160] Matheney MP, Nowack RL. Seismic attenuation values obtained from instantaneous - frequency matching and spectral ratios[J]. Geophysical Journal International, 1995, 123(1): 1-15.

[161] Zhang C, Ulrych TJ. Seismic absorption compensation: A least squares inverse scheme[J]. Geophysics, 2007, 72(6): R109-R114.

[162] Parra JO, Hackert C. Wave attenuation attributes as flow unit indicators

［J］. The Leading Edge, 2002, 21(6): 564-572.

［163］ Brzostowski MA, McMechan GA. 3 - D tomographic imaging of near - surface seismic velocity and attenuation[C], 1991.

［164］ Haase AB, Stewart RR. Estimating Seismic Attenuation(Q)By an Analytical Signal Method[C], 2005.

［165］ Hauge PS. Measurements of attenuation from vertical seismic profiles [J]. Geophysics, 1981, 46(11): 1548-1558.

［166］ White R. Partial Coherence Matching of Synthetic Seismograms with Seismic TRACES [J]. Geophysical Prospecting, 1980, 28 (3): 333-358.

［167］ 汪超, 赵伟, 高静怀. 一种用于波形反演的改进差分进化算法[J]. 石油地球物理勘探, 2012, 47(2): 225-230.

［168］ 汪超, 高静怀. 利用零偏移距 VSP 资料基于单层波传播反演介质 Q 值[J]. 中国地球物理学会第二十三届年会论文集, 2007.

［169］ Zhao J, Gao J, Wang D, et al. Q-factor and velocity inversion from zero-offset VSP data[J]. Journal of Applied Geophysics, 2014, 101: 51-67.

［170］ Ganley D. A method for calculating synthetic seismograms which include the effects of absorption and dispersion[J]. Geophysics, 1981, 46(8): 1100-1107.

［171］ Meju MA 著, 赵中全 译. 地球物理数据分析反演问题理论和实践 [M]. 石油地球物理勘探局, 1996.

［172］ Nocedal J, Wright SJ. Numerical optimization [M]: Springer verlag, 1999.

［173］ Huai GJ, Chao W, Wei Z. On the m ethod of adaptive waveform inversion with zero - offset VSP dat[J]. Chinese Journal of Geophysics, 2009, (012): 3091-3100.

［174］ Stewart R. Vsp Interval Velocities from Traveltime INVERSION*[J]. Geophysical Prospecting, 1984, 32(4): 608-628.

［175］ Waters K. Reflection seismology. New York, NY: John Wiley and Sons. 198i, 1978.

［176］ Waters K. Reflection seismology - A tool for energy resource exploration

[J]. 1981.

[177] Zou C, Zhu R, Wu S. Types, characteristics, genesis and prospects of conventional and unconventional hydrocarbon accumulations: Taking tight oil and tight gas in China as an instance[J]. Acta Petrolei Sinica, 2012, 33(2): 173-187.

[178] Corana A, Marchesi M, Martini C, et al. Minimizing multimodal functions of continuous variables with the "simulated annealing" algorithm Corrigenda for this article is available here [J]. ACM Transactions on Mathematical Software(TOMS), 1987, 13(3): 262-280.

[179] Storn R, Price K. Minimizing the real functions of the ICEC'96 contest by differential evolution[C]: IEEE, 1996: 842-844.

[180] Ghoggali N, Melgani F. Genetic SVM approach to semisupervised multi-temporal classification [J]. Geoscience and Remote Sensing Letters, IEEE, 2008, 5(2): 212-216.

[181] Roy A, Briczinski SJ, Doherty JF, et al. Genetic-algorithm-based parameter estimation technique for fragmenting radar meteor head echoes [J]. Geoscience and Remote Sensing Letters, IEEE, 2009, 6(3): 363-367.

[182] Qiu N, Liu QS, Gao QY, et al. Combining genetic algorithm and generalized least squares for geophysical potential field data optimized inversion [J]. Geoscience and Remote Sensing Letters, IEEE, 2010, 7(4): 660-664.

[183] Govindan R, Kumar R, Basu S, et al. Altimeter-derived ocean wave period using genetic algorithm[J]. Geoscience and Remote Sensing Letters, IEEE, 2011, 8(2): 354-358.

[184] Chen X-f. Seismogram synthesis for multi-layered media with irregular interfaces by global generalized reflection/transmission matrices method. I. Theory of two-dimensional SH case[J]. Bulletin of the Seismological Society of America, 1990, 80(6A): 1696-1724.

[185] Ge Z, Chen X. Wave propagation in irregularly layered elastic models: a boundary element approach with a global reflection/transmission matrix propagator[J]. Bulletin of the Seismological Society of America, 2007,

97(3): 1025-1031.

[186] Xin K, Hung B. 3-D tomographic Q inversion for compensating frequency dependent attenuation and dispersion[C], 2009.

[187] Zhao J, Gao J, Wang DX, et al. Estimation of quality factor Q from pre-stack CMP records using EPIFVO analysis[C]: Society of Exploration Geophysicists, 2011.

[188] You H, Ru-sha MW. The wave-front ray tracing method for image recon-struction[J]. Chinese Journal of Geophysics, 1992, 2013.

[189] Moser T. Shortest path calculation of seismic rays[J]. Geophysics, 1991, 56(1): 59-67.

[190] Schneider Jr W, Ranzinger KA, Balch A, et al. A dynamic programming approach to first arrival traveltime computation in media with arbitrarily distributed velocities[J]. Geophysics, 1992, 57(1): 39-50.

[191] Dwornik M, Pieta A. Efficient algorithm for 3D ray tracing in 3D aniso-tropic medium[C]. 2009.

[192] Marfurt KJ, Kirlin RL, Farmer SL, et al. 3-D seismic attributes using a semblance-based coherency algorithm[J]. Geophysics, 1998, 63(4): 1150-1165.

[193] Marfurt KJ, Sudhaker V, Gersztenkorn A, et al. Coherency calculations in the presence of structural dip [J]. Geophysics, 1999, 64(1): 104-111.

[194] 陆文凯, 牟永光. 用自组织神经网络实现地震同相轴自动追踪[J]. 石油物探, 1998, 37(1): 77-83.

[195] 姚姚. 用人工神经网络实现同相轴自动拾取[J]. 石油地球物理勘探, 1994, 29(1): 111-116.

[196] 高美娟, 田景文. 利用人工神经网络方法检测地震剖面同相轴[J]. 物探与化探, 2000, 24(5): 353-357.

[197] 董恩清, 吴文奎. 应用模式识别自动追踪地震剖面同相轴[J]. 西安石油学院学报, 1998, 13(2): 12-16.

[198] Joswig M. Pattern recognition for earthquake detection[J]. Bulletin of the Seismological Society of America, 1990, 80(1): 170-186.

[199] Keskes N. Automatic seismic pattern recognition method. Google

Patents，1999.

［200］Spitz S. Pattern recognition，spatial predictability，and subtraction of multiple events［J］. The Leading Edge，1999，18(1)：55-58.

［201］Zhao J，Gao J. Study on the absorption tomography with pre-stack seismic reflection data based on ray theory［C］：IEEE，2012：443-446.

［202］高静怀，汪文秉. 小波变换与信号瞬时特征分析［J］. 地球物理学报，1997，40(6)：821-832.

［203］Høilund C. The radon transform［J］. Aalborg University，Vision，Graphics and Interactive Systems(VGIS)，November，2007，12.

［204］沈操，牛滨华. Radon 变换的 MATLAB 实现［J］. 物探化探计算技术，2000，22(4)：346-350.

［205］Wang J，Ng M，Perz M. Seismic data interpolation by greedy local Radon transform［J］. Geophysics，2010，75(6)：WB225-WB234.